水利水电建筑工程高水平专业群工作手册式系列教材

水力分析与计算
综合实训

主　编　田　静　王　宇　王勤香

主　审　焦爱萍

中国水利水电出版社
www.waterpub.com.cn

·北京·

内 容 提 要

　　本书是水利水电建筑工程高水平专业群工作手册式系列教材，是根据职业院校双高建设项目要求编写而成。全书有基础（明渠水流、堰流、闸孔出流及消能水力分析与计算）、提高（段村水利枢纽水力分析与计算）、实验及自测四个模块。

　　本书可作为高职高专水利类水利工程、水利水电建筑工程、水利水电工程技术等专业教学使用，也可供水利类相关专业教学使用及有关工程技术人员学习和参考。

图书在版编目（CIP）数据

水力分析与计算综合实训 / 田静，王宇，王勤香主编. -- 北京：中国水利水电出版社，2022.5
水利水电建筑工程高水平专业群工作手册式系列教材
ISBN 978-7-5226-0748-1

Ⅰ.①水… Ⅱ.①田… ②王… ③王… Ⅲ.①水力计算－高等职业教育－教材 Ⅳ.①TV131.4

中国版本图书馆CIP数据核字（2022）第093702号

书　　名	水利水电建筑工程高水平专业群工作手册式系列教材 **水力分析与计算综合实训** SHUILI FENXI YU JISUAN ZONGHE SHIXUN
作　　者	主编　田　静　王　宇　王勤香 主审　焦爱萍
出版发行	中国水利水电出版社 （北京市海淀区玉渊潭南路1号D座　100038） 网址：www.waterpub.com.cn E-mail：sales@mwr.gov.cn 电话：（010）68545888（营销中心）
经　　售	北京科水图书销售有限公司 电话：（010）68545874、63202643 全国各地新华书店和相关出版物销售网点
排　　版	中国水利水电出版社微机排版中心
印　　刷	清淞永业（天津）印刷有限公司
规　　格	184mm×260mm　16开本　8.25印张　201千字
版　　次	2022年5月第1版　2022年5月第1次印刷
印　　数	0001—1500册
定　　价	**28.00元**

前 言

　　本书是贯彻落实《国家职业教育改革实施方案》（国发〔2019〕4号）、《国家中长期教育改革和发展规划纲要（2010—2020年）》《高等学校课程思政建设指导纲要》（教高〔2020〕3号）等文件精神编写的工作手册式教材。

　　本书包括基础、提高、实验及自测四个模块，基础模块包括明渠水流现象分析及水力要素量测，堰流水力分析、水力要素量测及基本计算，闸孔出流水力分析、水力要素量测及基本计算，泄水建筑物消能水力分析及基本计算，平面壁上的静水作用力分析与计算5个学习任务。提高模块以实际工程案例为载体，以工作流程为引导，内容包括明渠恒定非均匀流水面线分析与计算、挑流式衔接与消能水力分析与计算及底流式衔接与消能水力分析与计算3个学习任务。实验模块包括水静力学、恒定总流能量方程等7个实验。本书主要特点：基础模块及实验模块强调水流现象的分析及水力要素的量测，培养学生的实践创新能力和动手能力；提升模块注重水流现象分析及水力要素的计算，培养学生严谨认真、精益求精的大国工匠精神。在教学实施中，可根据学生情况、教学组织等在基础模块、提升模块及实验模块中选择若干工作任务进行学习，利于实施分层次教学。

　　本书编写人员及编写分工如下：黄河水利职业技术学院王勤香编写工作须知及实验模块的任务六、任务七，黄河水利职业技术学院田静编写基础模块及实验模块的任务一、任务三、任务五及自测模块，黄河水利职业技术学院王宇编写提高模块及实验模块的任务二和任务四。本书由田静、王宇、王勤香主编，由黄河水利职业技术学院焦爱萍教授主审。

　　本书在编写过程中，得到了各院校的专家、教授的支持和帮助。同时，参考了不少相关资料、著作、教材，对提供帮助的同仁及资料、著作、教材的作者，在此一并致以诚挚的谢意！

　　由于编者水平有限，书中难免存在错误和不足，恳请广大师生及专家、读者批评指正。

编者

2022年5月

目 录

前言

工作须知 ……………………………………………………………………………… 1

基础模块：明渠水流、堰流、闸孔出流及消能水力分析与计算 ……………… 3

　　任务一　明渠水流现象分析及水力要素量测 ……………………………… 5

　　任务二　堰流水力分析、水力要素量测及基本计算 ……………………… 7

　　任务三　闸孔出流水力分析、水力要素量测及基本计算 ………………… 14

　　任务四　泄水建筑物消能水力分析及基本计算 …………………………… 18

　　任务五　平面壁上的静水作用力分析与计算 ……………………………… 22

提高模块：段村水利枢纽水力分析与计算 …………………………………… 44

　　任务一　明渠恒定非均匀流水面线分析与计算 …………………………… 46

　　任务二　挑流式衔接与消能水力分析与计算 ……………………………… 57

　　任务三　底流式衔接与消能水力分析与计算 ……………………………… 59

实验模块 …………………………………………………………………………… 76

　　任务一　水静力学实验 ……………………………………………………… 76

　　任务二　恒定总流能量方程实验 …………………………………………… 80

　　任务三　雷诺实验 …………………………………………………………… 86

　　任务四　沿程水头损失实验 ………………………………………………… 88

　　任务五　局部水头损失实验 ………………………………………………… 91

　　任务六　自循环流动演示实验 ……………………………………………… 96

　　任务七　自循环流谱流线演示实验 ………………………………………… 101

自测模块 …………………………………………………………………………… 104

　　自测1　水工建筑物静水作用力分析与计算 ……………………………… 104

　　自测2　恒定水流运动基本方程分析与计算 ……………………………… 107

　　自测3　恒定管流水力分析与计算 ………………………………………… 111

　　自测4　明渠恒定均匀流水力分析与计算 ………………………………… 116

　　自测5　明渠恒定非均匀流水面线分析与计算 …………………………… 118

　　自测6　堰流水力分析与计算 ……………………………………………… 120

　　自测7　闸孔出流水力分析与计算 ………………………………………… 123

　　自测8　泄水建筑物下游消能水力分析与计算 …………………………… 125

工作须知

0.1 课程性质

"水力分析与计算综合实训"是水利水电建筑工程、水利工程等专业的职业核心实训课程,是课程教学过程理论与实践相结合中较为重要的一部分。通过对实际工程案例的水力分析与计算,达到让学生掌握水力分析与计算的理论及应用的目的,从而解决与液体运动有关的各种工程技术问题,为学生在水利水电工程的勘测、规划、设计、施工和运用管理中的应用奠定基础。

0.2 课程目标

学生掌握水利工程中常见的水流现象分析判别及相关的水力计算,能在水利工程设计施工、管理过程中完成水工建筑物布设、体型优化和尺寸的水力计算。通过融入水利兴国、水利富民、责任担当、创新思维等元素,培养学生精益求精的大国工匠精神。学生应具备以下能力:

(1)能对明渠水流、闸孔出流、堰流及溢洪道的水流现象进行分析,掌握水工建筑物消能的基本形式。

(2)能计算明渠、闸孔出流及堰流的过流能力等水力要素,能进行消能的水力计算。

(3)能综合应用水面线分析计算、消能水力分析计算等知识解决实际工程中溢洪道水面线计算等综合问题。

(4)测定管道沿程水头损失等水力要素,培养学生理论分析与实验研究相结合的能力。

(5)能认真完成实训任务,计算过程中科学严谨,积极思考及创新,通过小组内协作交流解决问题。

0.3 工作项目

实训内容包括基础(明渠水流、堰流、闸孔出流及消能水力分析与计算)、提高(段村水利枢纽水力分析与计算)、实验及自测模块。每个模块包含若干典型工作任务。在教学实施中,可根据学生情况、教学组织等选择若干工作任务进行学习。

0.4 组织形式

课程提倡以学生为中心、按照咨询—计划—决策—实施—检查—评价等步骤组织教学，学生在合作中完成工作任务。教学过程中教、学、练、做、讨论相结合，强化学生能力培养，体现教学过程的实践性、开放性和职业性。

0.5 成果要求

学生认真完成实训任务，按时提交不少于 5000 字的《水力分析与计算实训总结报告》。实训报告应内容完整，条理清晰，结构逻辑性强，能准确运用专业术语。认真完成水流现象分析及水力计算，计算过程完整清晰，计算结果准确，图表齐全。

0.6 考核评价原则

考核评价主要用于教师对学生任务完成情况进行评价，学生考核评价见表 0-1，由学习任务评价汇总形成。

表 0-1   学生实训考核评价表

学号	姓名	任务 1		任务 2		任务 3		…	任务 n		总评
		分值	权重	分值	权重	分值	权重		分值	权重	

0.7 参考资料

1. 教材资源

（1）罗全胜，王勤香．水力分析与计算［M］．郑州：黄河水利出版社，2011.

（2）王勤香，田静，王宇．水力分析与计算［M］．北京：中国水利水电出版社，2022.

（3）李炜．水力计算手册［M］．2 版．北京：中国水利水电出版社，2007.

（4）王宇，王勤香．水力分析与计算习题集［M］．郑州：黄河水利出版社，2019.

2. 网络资源

➢《水力分析与计算》在线开放课程：

http：//www. icourse163. org/course/YRCTI－1001793009

➢高等职业教育水利水电建筑工程专业教学资源库（水力分析与计算）：

http：//www. icve. com. cn/portal/courseinfo？ courseid＝4eyzakekiybagpsva8－jtg

➢《水力学》国家精品资源共享课：

http：//www. icourses. cn/coursestatic/course＿3917. html

➢智慧职教（云课堂）：

http：//www. icve. com. cn/portal/

基础模块:明渠水流、堰流、闸孔出流及消能水力分析与计算

一、工作任务

利用自循环明渠实验槽（基图1-1），进行明渠水流、闸孔出流、堰流及消能等水力学实验，观察分析明渠水流、闸孔出流、堰流及消能水流现象及特征，量测水位等数据，计算流量等水力要素。本模块包括下面工作任务:

(1) 明渠水流现象分析及水力要素量测。

(2) 堰流水力分析、水力要素量测及基本计算。

(3) 闸孔出流水力分析、水力要素量测及基本计算。

(4) 泄水建筑物消能水力分析及基本计算。

(5) 平面壁上的静水作用力分析与计算。

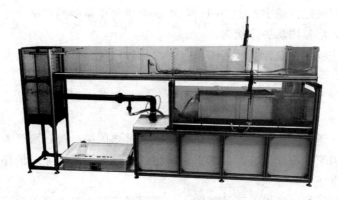

基图 1-1 自循环明渠实验槽

二、工作目标

1. 知识目标

(1) 掌握明渠横断面类型、明渠底坡定义及底坡分类方法。

(2) 掌握明渠均匀流特点及明渠均匀流的产生条件。

(3) 掌握堰流的概念及分类、堰流的水流特点。

(4) 掌握堰流的水力计算公式及影响因素。

(5) 掌握堰流流量系数、侧收缩系数的确定方法，以及堰流淹没条件和淹没系数的确定方法。

（6）掌握闸孔出流概念及反映闸孔出流的水力要素。

（7）理解闸孔出流过流能力计算公式中各项意义。

（8）掌握泄水建筑物下游的水流特征及消能的主要形式。

2．技能目标

（1）能进行明渠水流特点分析，能分析明渠均匀流特点。

（2）能量测明渠基本水力要素，能进行常见渠道水力要素计算。

（3）能对薄壁堰流、实用堰流及宽顶堰流的水流现象进行分析，规范量测薄壁堰流、实用堰流及宽顶堰流的基本水力要素。

（4）能判断堰流的类型，绘制薄壁堰流、实用堰流及宽顶堰流的纵向示意图。

（5）能根据观测数据，分析确定实用堰溢流时的流量系数、侧收缩系数，能判断堰流是否为淹没出流，确定淹没系数，进行堰流过流能力计算。

（6）能判别堰流和闸孔出流水流现象。

（7）能对闸孔出流水流现象进行分析。

（8）能确定闸孔出流的流量系数、淹没系数，进行闸孔出流的流量计算。

（9）能判别泄水建筑物下游水流衔接形式。

（10）能借助线上资源、教材、水力计算手册等，与小组成员合作完成实训任务。

（11）能利用 Excel 进行挖深式消力池水力计算。

3．素质目标

（1）能积极有效地沟通实训中的问题，通过小组合作体会到团结合作的力量。通过分组量测水力要素，培养团队协作能力。

（2）根据公式确定流量计算所需的系数，进行过流能力等计算，培养认真分析、精确计算的学习习惯。

（3）积极参与实训中水力要素量测，热爱劳动，细节中彰显可贵品质，促进学生好习惯的养成。

（4）能理解渠道、溢流坝和水闸的作用，能理解郑国渠、都江堰等著名水利工程的作用，理解水利对国家强盛及经济发展的重大作用，厚植爱国爱专业的情怀，增强伟大时代使命感及水利人责任担当意识。

（5）能领会到科技进步提升了计算能力，利用现代科技发挥更大价值。

三、任务分组

按照基表 1-1 填写任务分组名单。

基表 1-1　　　　　　　　　学 生 任 务 分 组 表

班级		组号		指导老师	
组长		学号			
组员					
任务分工					

四、任务实施及指导

进入实训室后必须保持安静，不得谈笑喧哗。实训过程中，应认真按要求按步骤进行操作，注意多观察分析水流现象，多思考水力计算问题。

必须遵守实训室各项规章制度。实训中保持良好的科学作风，应尊重原始数据，及时记录实验原始数据，不得任意更改数据，原始数据如果有错误，就会"失之毫厘，谬以千里"。实验后，应进行必要的检查和补充，经教师同意后，方可离开实训室。完成实训后，应及时整理数据，认真编写实训报告。

实训中需要用图片或视频记录水流现象，需组内成员合作完成，要对图片或视频进行注释或配音讲解，使图片或视频能清晰准确记录观测的水流现象。

任务一　明渠水流现象分析及水力要素量测

1. 引导问题

(1) 明渠恒定均匀流是指（　　）。（单选）

A、速度方向不变，大小可以沿流向改变的流动

B、运动要素不随时间变化的流动

C、断面流速均匀分布的流动

D、运动要素沿流程不变的流动

(2) 明渠均匀流的形成条件有（　　）。（多选）

A、水流必须是恒定流，沿程没有流量流出和汇入

B、渠道必须为底坡不变的正坡渠道

C、渠道必须为底坡不变的平坡渠道

D、渠道必须为底坡不变的逆坡渠道

E、明渠的粗糙程度沿程不变

F、渠道必须为长直棱柱体渠道

G、渠道中不存在任何阻碍水流运动的建筑物

(3) 明渠恒定均匀流不可能形成于（　　）。（单选）

A、底坡大于 0 的长直渠道

B、棱柱体顺坡渠道

C、无阻水建筑物的棱柱体渠道

D、流量不变的逆坡渠道

2. 工作实施

调节自循环明渠实验水槽的进水阀门和下游尾门开度，待水槽中水流稳定后，观察实验水槽中水流，按照步骤完成下面任务。

【步骤 1】明渠横断面水力要素量测。

(1) 实训中实验室明渠水槽的断面形式为（　　）。

A、梯形　　　　　　B、矩形　　　　　　C、圆形　　　　　　D、城门洞形

（2）矩形断面水力要素有底宽 b 和水深 h。实训中实验室明渠水槽矩形断面的底宽 b 为（　　），水深 h 为（　　）。

提示：

1）可以利用钢尺和水位测针进行水深和水位的量测，水位测针的使用及读数方法见本模块相关知识点。

2）用测针测量水位，当针尖接触水面过多时，一定要将测针提出水面，重新旋动微调旋钮，使针尖再次接触水面。实验过程中不允许旋动测针针头。

【步骤2】 渠道底坡量测及渠中水流现象分析。

（1）实验室水槽的底坡是（　　）。

A、平坡　　　　　B、顺坡　　　　　C、逆坡　　　　　D、负坡

提示：10万林州人民在万仞壁立、千峰如削的太行山上修建了红旗渠。修渠过程中水平仪不够用，就用"水鸭子"来代替。同学们也要学习发扬红旗渠精神，利用实训室的现有条件，集思广益确定实验室水槽的底坡。

（2）简述实验室水槽的底坡测量思路。

（3）实验室水槽中水流是（　　）。

A、明渠均匀流　　　B、明渠非均匀流　　C、不能确定　　　　D、有压流

（4）实训中明渠水槽中如果不能形成均匀流，原因是不满足（　　）。

A、水流必须是恒定流，沿程没有流量流出和汇入

B、渠道必须为底坡不变的正坡渠道

C、明渠的粗糙程度沿程不变

D、渠道必须为长直棱柱体渠道

E、渠道中不存在任何阻碍水流运动的建筑物

【步骤3】 查阅红旗渠的资料，思考回答下面问题。

（1）红旗渠是20世纪60年代林县（今林州市）人民在极其艰难的条件下，从太行山腰修建的引漳入林工程，称为"人工天河"，被誉为"世界第八大奇迹"。红旗渠的断面形式为（　　），红旗渠总干渠的底坡 i 为（　　），总干渠的渠底宽为（　　）m。

（2）在红旗渠修建的10年中，锻造了气壮山河的"红旗渠精神"，涌现出许多英雄人物，查阅红旗渠资料并谈谈感受。（不少于200字）

3. 评价反馈

任务评价包括学生自评（35％）和小组评价（30％）和教师评价（35％）三部分。学生自评成绩借助在线课程、慕课堂等数字化平台评定，考核内容包括引导问题及工作实施中的客观题；小组评价由组长联合组内成员共同评定。小组评价表和教师评价表见基表1-2和基表1-3。

基表1-2　　　　　　　　　　　　小 组 评 价 表

班级		姓名		学号	
任务一		明渠水流现象分析及水力要素量测			
评价项目	评价标准			分值	得分
①	思维活跃，渠道底坡量测中有创新创造性的想法			6	
②	组内相处融洽，与人为善，尊重团结同学			6	
③	踏实认真地完成实训中量测、数据记录等任务			6	
④	遵守各项规章制度及实训安排			6	
⑤	有自我管理和自学能力，在实训任务中提升自己			6	

基表1-3　　　　　　　　　　　　教 师 评 价 表

班级		姓名		学号	
任务一		明渠水流现象分析及水力要素量测			
评价项目	评价标准			分值	得分
①	按时提交任务实训成果			7	
②	实训报告内容完整，图表齐全准确			7	
③	实训报告条理清晰			7	
④	实训中爱学习爱思考，掌握任务中知识技能点			7	
⑤	理解领悟"红旗渠精神"，实训汇报中语言流畅清晰，仪态自然大方			7	

任务二　堰流水力分析、水力要素量测及基本计算

（一）薄壁堰流水力分析、水力要素量测及基本计算

1. 引导问题

（1）薄壁堰的开口形状常为矩形或三角形，分别称为矩形薄壁堰和三角形薄壁堰。实验室中观测的薄壁堰的开口形状为（　　　）。

A、矩形薄壁堰　　　　B、三角形薄壁堰

（2）通过堰顶下泄的水舌下缘与堰顶只有线的接触，水流几乎不受堰顶厚度的影响，水面呈单一降落曲线，这种堰流为（　　　）。

A、薄壁堰流　　B、实用堰流　　　C、宽顶堰流　　　D、明渠堰流

2. 工作实施

【步骤1】　打开自循环明渠实验水槽的进水阀门，待水流稳定后，观察薄壁堰流的流动情况，请用图片或视频方式记录薄壁堰流特点。

【步骤2】　绘制薄壁堰流纵向示意图，并在示意图上标注上游堰高 P_1、下游堰高

P_2、下游水深 h_t、堰前水头 H。

【步骤 3】 量测及计算薄壁堰的水力要素。

薄壁堰堰顶水位：_____ 薄壁堰上游水位：_____

上游堰高 $P_1 =$ _____

堰前水头 $H =$ _____

提示：

（1）量测时要保持薄壁堰水舌脱离堰板，且保证被测的薄壁堰的 $\delta \leqslant 0.67H$。

（2）量测堰前水头的断面要大致在堰前（3～4）H 处，可避免堰前水面自然降落的影响。

（3）水位测针使用及读数方法见本模块相关知识点。用测针测量水位，当针尖接触水面过多时，一定要将测针提出液面，重新旋动微调旋钮，使针尖再次接触液面。实验过程中不允许旋动测针针头。

【步骤 4】 利用步骤 3 量测的薄壁堰流水力要素，计算薄壁堰流量。

薄壁堰流量公式：_____

薄壁堰流量计算过程：

（二）实用堰流水力分析、水力要素量测及基本计算

1. 引导问题

（1）堰流流量计算公式是（　　）。

A、$Q = AC\sqrt{Ri}$ 　　　　　　　　　B、$Q = \sigma_s \mu_0 Be \sqrt{2gH_0}$

C、$Q = \mu_c A \sqrt{2gH_0}$ 　　　　　　D、$Q = \sigma_s \varepsilon mB \sqrt{2g} H_0^{\frac{3}{2}}$

（2）已知实验室明渠水槽中 WES 实用堰的设计水头 $H_d = 5.67\text{cm}$，当堰前水头 $H \neq H_d$ 时，流量系数计算公式为：$m = 0.502\dfrac{m}{m_d}$。当堰前水头 $H = H_d$ 时，流量系数 $m_d = ($ 　　)。

A、0.365　　　　　B、0.502　　　　　C、0.49　　　　　D、0.993

（3）实用堰溢流时侧收缩系数 ε 与哪些因素有关？（　　）

A、闸孔数目　　　　B、堰前总水头　　　C、上游堰高　　　D、闸墩形状

E、边墩形状　　　　F、下游水深　　　　G、单孔净宽　　　H、下游堰高

（4）实用堰溢流时淹没系数 σ_s 与哪些因素有关？（　　　）

A、闸孔数目　　　　B、堰前总水头　　　C、上游堰高　　　D、闸墩形状

E、边墩形状　　　　F、下游水深　　　　G、单孔净宽　　　H、下游堰高

（5）"滚滚长江东逝水，浪花淘尽英雄"，都江堰水利工程让李冰父子名垂史册，历史长河中，和李冰父子一样的水利英雄很多，每名同学介绍一位吧！

2. 工作实施

【步骤1】　调节自循环明渠实验水槽的进水阀门和下游尾门开度，使之形成实用堰自由出流，同时满足 $0.67H \leqslant \delta \leqslant 2.5H$ 的条件。待水流稳定后，观察实用堰水流情况。实用堰泄出的高速水流（急流）与下游河道中的水流（一般是缓流），必然通过水跃衔接。在实训中实用堰下游是否观察到急流、缓流及水跃现象，如果观察到，请用图片或视频方式记录下来。

注意：图片或视频需组内成员合作完成。图片中应标出急流、缓流及水跃，视频应对急流、缓流及水跃现象进行说明。

【步骤2】　绘制实用堰流纵向示意图，并在示意图上标注上游堰高 P_1、下游堰高 P_2、下游水深 h_t、堰前水头 H。

【步骤3】　量测及计算实用堰的水力要素。

实用堰上游水位：＿＿＿＿＿＿＿＿

上游堰高 $P_1 = $ ＿＿＿＿＿＿＿　　堰宽 $B = $ ＿＿＿＿＿＿

堰前水头 $H = $ ＿＿＿＿＿＿＿

堰前水深 $h = $ ＿＿＿＿＿＿＿

提示：

（1）堰前水头应在实用堰前渐变流断面［距堰壁（3～4）H 的过水断面］量测。

（2）水位测针使用及读数方法见本模块相关知识点。用测针测量水位，当针尖接触水

面过多时，一定要将测针提出液面，重新旋动微调旋钮，使针尖再次接触液面。实验过程中不允许旋动测针针头。

（3）堰前水深 $h=$ 上游堰高 P_1+ 堰前水头 H，见基图 1-2。

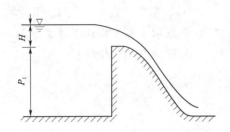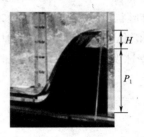

基图 1-2　堰前水深和堰前水头

【步骤 4】　如基图 1-3 所示，堰是既可挡水而顶部又可以溢流的水工建筑物。根据观测的结果，分析说明什么情况下实用堰发挥挡水作用，什么情况下实用堰顶部溢流。

基图 1-3　实用堰（堰挡水不溢流）及实用堰流（堰顶部溢流）

【步骤 5】　利用步骤 3 量测的实用堰流的水力要素，计算实用堰流量。

（1）实用堰流量公式及公式中各项含义：_____

（2）根据观测数据，分析确定实用堰溢流时的流量系数 m。（设计水头 $H_d = 5.67\text{cm}$）

（3）根据观测数据，分析确定实用堰溢流时的侧收缩系数 ε。

（4）根据观测数据，分析确定实用堰溢流时的淹没系数 σ_s。

（5）根据观测数据，计算实用堰溢流时的流量 Q。

（三）宽顶堰流水力分析、水力要素量测及基本计算

1. 引导问题

（1）宽顶堰流下游水面高出堰顶的高度为 h_s，堰前总水头为 H_0，则其淹没条件是（   ）。

A、$h_s/H_0 > 0.8$　　B、$h_s/H_0 < 0.8$　　C、$h_s/H_0 = 0$　　D、都不对

（2）宽顶堰溢流时流量系数 m 与哪些因素有关？（   ）

A、堰前水头　　B、上游堰高　　C、宽顶堰坎进口形状

D、下游水深　　E、下游堰高

（3）宽顶堰溢流时侧收缩系数 ε 与哪些因素有关？（   ）

A、闸孔数目　　B、堰前水头　　C、上游堰高　　D、闸墩形状

E、边墩形状　　F、下游水深　　G、单孔净宽　　H、下游堰高

I、闸墩厚度　　J、边墩厚度

（4）宽顶堰溢流时淹没系数 σ_s 与哪些因素有关？（   ）

A、闸孔数目　　B、堰前水头　　C、上游堰高　　D、闸墩形状

E、边墩形状　　F、下游水深　　G、单孔净宽　　H、下游堰高

（5）飞沙堰是都江堰确保成都平原不受水灾的关键。查阅飞沙堰的资料，介绍飞沙堰的作用和原理。

2. 工作实施

【步骤1】 调节自循环明渠实验水槽的进水阀门和下游尾门开度，使之形成宽顶堰自由出流，同时满足 $2.5H \leqslant \delta \leqslant 10H$ 的条件。待水流稳定后，观察宽顶堰自由出流的流动情况，绘制宽顶堰流纵向示意图，并在示意图上标注上游堰高 P_1、下游堰高 P_2、下游水深 h_t、堰前水头 H。

【步骤2】 量测及计算宽顶堰的水力要素。

堰上游水位：_____

上游堰高 $P_1 =$ _____　　　下游堰高 $P_2 =$ _____

堰宽 $B =$ _____　　　堰前水头 $H =$ _____

堰下游水深 $h_t =$ _____　　　堰前水深 $h =$ _____

提示：

（1）堰前水头应在宽顶堰前渐变流断面［距堰壁（3～4）H 的过水断面］量测。

（2）水位测针使用及读数方法见本模块相关知识点。用测针测量水位，当针尖接触水面过多时，一定要将测针提出液面，重新旋动微调旋钮，使针尖再次接触液面。实验过程中不允许旋动测针针头。

（3）堰前水深 $h =$ 上游堰高 $P_1 +$ 堰前水头 H。

【步骤3】 利用步骤2中宽顶堰流的水力要素，计算宽顶堰流量。

（1）宽顶堰流量公式及公式中各项含义：_____

（2）根据观测数据，分析确定宽顶堰溢流时的流量系数 m。

（3）根据观测数据，分析确定宽顶堰溢流时的侧收缩系数 ε。

（4）根据观测数据，分析确定宽顶堰溢流时的淹没系数 σ_s。

（5）根据观测数据，分析计算宽顶堰溢流时的流量 Q。

【步骤 4】　调节尾门，抬高下游水位，形成宽顶堰淹没出流（满足 $h_s/H_0 \geqslant 0.8$）。注意观察堰上、下游水位变化情况，测量宽顶堰淹没系数 σ_s。

测算宽顶堰淹没系数的方法有两种：

（1）完成步骤 3 后，已测得宽顶堰自由出流下的 Q 值。调节尾门使之形成淹没出流，此时由于流量没有改变，因淹没出流的影响，上游水位必高出原水位。为便于比较，可减小过水流量，待堰上水位回复到原自由出流水位。测定此时的流量 Q'，根据堰流计算公式可得 $\sigma_s = Q'/Q$。

（2）量测宽顶堰淹没出流时的流量 Q、堰前水头 H、分析确定堰前总水头 H_0、侧收缩系数 ε 和流量系数 m，根据堰流流量公式 $Q = \sigma_s \varepsilon m B \sqrt{2g} H_0^{\frac{3}{2}}$ 确定淹没系数 σ_s。

小组测算的宽顶堰淹没系数 ＝ _____，简述你组宽顶堰淹没系数的测算方法及计算步骤。

3. 评价反馈

任务评价包括学生自评（35％）和小组评价（30％）和教师评价（35％）三部分。学生自评成绩借助在线课程、慕课堂等数字化平台评定，考核内容包括引导任务及任务实施中的客观题；小组评价由组长联合组内成员共同评定，小组评价表和教师评价表见基表1-4和基表1-5。

基表 1-4   小 组 评 价 表

班级		姓名		学号	
任务二	堰流水力分析、水力要素量测及基本计算				
评价项目	评价标准			分值	得分
①	思维活跃，堰流流量计算中思路清晰正确			6	
②	组内相处融洽，与人为善，尊重团结同学			6	
③	踏实认真地完成实训中量测、数据记录等任务			6	
④	遵守各项规章制度及实训安排			6	
⑤	有自我管理和自学能力，在实训任务中提升自己			6	

基表 1-5   教 师 评 价 表

班级		姓名		学号	
任务二	堰流水力分析、水力要素量测及基本计算				
评价项目	评价标准			分值	得分
①	按时提交任务实训成果			7	
②	实训报告内容完整，图表齐全准确			7	
③	实训报告条理清晰，水力计算结果正确			7	
④	实训中爱学习爱思考，掌握任务中知识技能点			7	
⑤	理解都江堰的原理及作用，了解李冰等水利名人的事迹。实训汇报中语言流畅清晰，仪态自然大方			7	

任务三　闸孔出流水力分析、水力要素量测及基本计算

1. 引导问题

（1）实际工程中，水闸的闸底坎一般为宽顶堰（包括无坎宽顶堰）或曲线形实用堰，实训中实验室水闸的闸底坎为（　　）。

A、宽顶堰　　　　　B、无坎宽顶堰　　　　　C、曲线形实用堰　　　　　D、薄壁堰

（2）实际工程中，闸门形式主要有平板闸门和弧形闸门两种类型，实训中实验室闸门形式为（　　）。

A、平板闸门　　　　B、弧形闸门　　　　　C、闸孔出流　　　　　D、钢闸门

（3）观察并分析闸孔下游水跃。水跃位置随下游水深 h_t 变化而变化，下游水深增大水跃向（　　）。

A、上游移动　　　　B、下游移动　　　　　C、水跃不动　　　　　D、不能确定

（4）闸后发生水跃，随下游水深 h_t 不同，可能的三种水跃形式为（　　）。

A、远驱式水跃　　　B、临界式水跃　　　C、淹没水跃　　　D、自由水跃

（5）闸孔自由出流时，闸后发生水跃的可能形式为（　　）。

A、远驱式水跃　　　B、临界式水跃　　　C、淹没水跃　　　D、自由水跃

（6）闸孔淹没出流时，闸后发生水跃的可能形式为（　　）。

A、远驱式水跃　　　B、临界式水跃　　　C、淹没水跃　　　D、自由水跃

（7）闸孔出流为自由出流情况下，淹没系数 σ_s（　　）。

A、$\sigma_s > 1$　　　B、$\sigma_s < 1$　　　C、$\sigma_s = 1$　　　D、$\sigma_s \geqslant 1$

（8）中国修建水闸的历史悠久。据记载公元前598—公元前591年，楚令尹孙叔敖在今安徽省寿县建芍陂灌区时设5个闸门引水。以后随建闸技术的提高和建筑材料新品种的出现，水闸建设也日益增多。在我国修建的众多水闸中，每组收集不同功能的水闸图片并进行介绍，简述水闸如何发挥效益造福人类？

2. 工作实施

【步骤1】　调节自循环明渠实验水槽的进水阀门和下游尾门开度，使之形成闸孔自由出流，待水流稳定后，观察闸孔自由出流的流动情况。绘制闸孔自由出流的纵向示意图，在示意图中标出闸前水头 H、闸门的开启高度 e、收缩断面水深 h_c、下游水深 h_t。

【步骤 2】 量测及计算闸孔出流的水力要素。

闸前水头 $H = $ _____ 闸门的开启高度 $e = $ _____

收缩断面水深 $h_c = $ _____ 下游水深 $h_t = $ _____

闸孔过水净宽 $B = $ _____

提示：

（1）水流由闸门底缘流出时，由于受闸门的约束，流线发生急剧弯曲收缩，出闸后由于惯性的作用流线继续收缩，大约在距闸门（0.5～1）e 处为水深最小的收缩断面 $c-c$。

（2）等水流稳定后方能测读数据。闸孔水跃段水流紊动强度大，水流极不稳定，水深也随着紊动而变化，在测量时要观察一段时间，选取一适当位置，同时可用粉笔或水笔在水槽玻璃上记下水深的时均值水面点位置，然后再从点位上量取水深。

【步骤 3】 根据步骤 2 量测的闸孔出流的水力要素，计算闸孔出流泄流量 Q。

（1）根据量测的数据，判断出流情况是堰流还是闸孔出流。

$\dfrac{e}{H} = $ _____ ，为（ _____ ）。

（2）计算闸孔出流的流量系数 μ_0。

（3）不考虑闸前行近流速，分析确定闸孔自由出流的泄流量 Q。

【步骤 4】 调节下游尾门使闸下游水深不断增大，使之形成闸孔淹没出流。观察水跃随下游水深增加的变化情况，请用图片或视频方式记录下来。

注意：图片或视频需组内成员合作完成。图片中应标出急流、缓流及水跃类型等，视频应对急流、缓流及水跃类型进行说明。

【步骤 5】 调节尾门使闸下游水位升高，形成闸孔淹没出流。测算闸孔淹没出流的淹没系数 σ_s。

测算闸孔淹没出流淹没系数的方法有两种：

（1）完成步骤 3 能获取闸孔自由出流的流量 Q。调节尾门使之形成闸孔淹没出流，此时由于流量没有改变，因淹没出流的影响，上游水位必高出原水位，为便于比较，可减小过水流量，待闸前水位回复到原自由出流水位，测定此时的流量 Q'，根据计算公式可得 $\sigma_s = Q'/Q$。

（2）量测闸孔淹没出流时的流量 Q、堰前水头 H、闸门的开启高度 e，分析确定闸前总水头 H_0、闸孔出流流量系数 μ_0，根据闸孔出流流量公式 $Q=\sigma_s\mu_0 nbe\sqrt{2gH_0}$ 确定淹没系数 σ_s。

小组测算的闸孔淹没出流淹没系数＝＿＿＿＿＿＿＿＿＿，简述你组淹没系数的测算方法及计算步骤。

3. 评价反馈

任务评价包括学生自评（35％）和小组评价（30％）和教师评价（35％）三部分。学生自评成绩借助在线课程、慕课堂等数字化平台评定，考核内容包括引导任务及任务实施中的客观题；小组评价由组长联合组内成员共同评定，小组评价表和教师评价表见基表1-6和基表1-7。

基表1-6　　　　　　　　小　组　评　价　表

班级		姓名		学号	
任务三	闸孔出流水力分析、水力要素量测及基本计算				
评价项目	评价标准			分值	得分
①	思维活跃，积极思考，闸孔出流淹没系数量测中有创新创造性的想法			6	
②	组内相处融洽，与人为善，尊重团结同学			6	
③	踏实认真地完成实训中量测、数据记录等任务			6	
④	遵守各项规章制度及实训安排			6	
⑤	有自我管理和自学能力，在实训任务中提升自己			6	

基表1-7　　　　　　　　教　师　评　价　表

班级		姓名		学号	
任务三	闸孔出流水力分析、水力要素量测及基本计算				
评价项目	评价标准			分值	得分
①	按时提交任务实训成果			7	
②	实训报告内容完整，图表齐全准确			7	
③	实训报告条理清晰，水力计算结果正确			7	
④	实训中爱学习爱思考，掌握任务中知识技能点			7	
⑤	理解水闸作用及水利造福人类，实训汇报中语言流畅清晰，仪态自然大方			7	

任务四　泄水建筑物消能水力分析及基本计算

（一）常见衔接消能方式分析

1. 引导问题

（1）水利工程中采用的衔接消能措施种类很多，常见的衔接消能方式为（　　）。

A、底流式衔接消能　　　　　B、挑流式衔接消能　　　　　C、面流式衔接消能

（2）关于底流式衔接与消能，下列说法不正确的是（　　）。

A、底流式衔接与消能是借助于一定工程措施控制水跃位置，通过形成一定形式的水跃消除余能

B、底流式衔接与消能的高流速主流在底部，故为底流式衔接与消能

C、泄水建筑物下游均采用底流式衔接与消能形式

D、平原河流水闸下游常采用底流式衔接与消能形式

（3）关于挑流式衔接与消能，下列说法不正确的是（　　）。

A、挑流式衔接与消能是在建筑物下游端建一挑坎，将高速水流挑入空中，然后降落在远离建筑物的下游消能

B、挑流式衔接与消能下泄水流的余能一部分在空中消散，大部分在下游河道中消除

C、高水头泄水建筑物下游可采用挑流式衔接与消能形式

D、以上都不对

（4）关于面流式衔接与消能，下列说法不正确的是（　　）。

A、面流式衔接与消能是将高速水流导向下游水流上层，通过水舌扩散，流速分布调整及主流底流相互作用消能的

B、面流式衔接与消能，适用于下游水深较大而且比较稳定的河段

C、面流式衔接与消能高流速主流位于底层

D、面流式衔接与消能对下游河床防冲要求较低

（5）数千年的中华文明发展史也是人与水旱灾害的抗争史，也促使中国成为全球水利设施最发达的国家之一。举例说明众多的水利工程中采用了哪些消能方式。每名同学至少阐述一个水利工程。

2. 工作实施

【步骤1】 观察分析实验室挑流式衔接消能水流现象，请用图片或视频方式记录下来，绘制挑流式衔接消能水流现象的纵向示意图。（注意：图片或视频需组内成员合作完成，应在图片或视频中对挑流式衔接消能水流现象进行说明。）

【步骤2】 观察分析实验室面流式衔接消能水流现象，请用图片或视频方式记录下来，绘制面流式衔接消能水流现象的纵向示意图。（注意：图片或视频需组内成员合作完成，应在图片或视频中对面流式衔接消能水流现象进行说明。）

（二）底流式衔接消能水力要素量测及水力计算

1. 引导问题

（1）修建消力池有三种基本方法，分别是（　　）。

A、挖深式消力池　　　　　B、消力坎式消力池　　　　　C、综合式消力池

（2）底流式消能是利用（　　）消能。

A、临界式水跃　　　B、远离式水跃　　　C、淹没式水跃　　　D、稍有淹没的淹没水跃

（3）在挖深式消力池深度 d 的计算中，为使水流在消力池内产生稍有淹没的淹没式水跃，则消力池中水跃淹没系数 σ_j 的取值范围为（　　）。

A、1.05～1.10　　　B、1.05～1.20　　　C、1.01～1.10　　　D、1.01～1.20

2. 工作实施

【步骤1】 如基图1-4所示，调节自循环明渠实验水槽的进水阀门和下游尾门开度，利用实验室模型板使实用堰后形成远驱式水跃，绘制实用堰及实用堰下游水流衔接的纵向示意图，在示意图中标出上游堰高 P_1、下游堰高 P_2、堰前水头 H、收缩断面水深 h_c、下游水深 h_t。

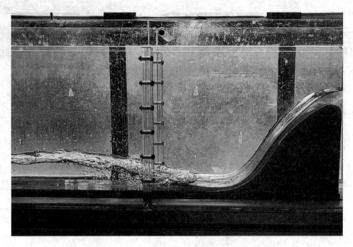

基图 1-4 实用堰下游远驱式水跃

【步骤2】 量测及计算步骤 1 远驱式水跃的水力要素。

堰流过水净宽 $B =$ _____

堰前水头 $H =$ _____

收缩断面水深 $h_c =$ _____   下游水深 $h_t =$ _____

提示：

等水流稳定后方能测读数据。水跃段水流紊动强度大，水流极不稳定，水深也随着紊动而变化，在测量时要观察一段时间，选取一适当位置，同时可用粉笔或水笔在水槽玻璃上记下水深的时均值水面点位置，然后再从点位上量取水深。

【步骤3】 分析步骤 1 实用堰下游水流的衔接形式，判断是否需要消能。

【步骤4】 利用实验室模型板使形成挖深式消力池（基图 1-5），调节进水阀门和下游尾门开度，使实用堰后形成淹没式水跃，绘制实用堰及实用堰下游水流衔接的纵向示意图，在示意图中标出消力池池深 d、消力池池长 L_k、出消力池水流水面跌落 Δz、下游水深 h_t。

基图 1-5 挖深式消力池

【步骤 5】 步骤 4 利用实验室模型板已形成挖深式消力池，调节尾门开度使下游水深变化，调节模型板使消力池池长变化。消力池内水流现象随下游水深变化如何变化？消力池内水流现象随消力池池长变化如何变化？请用视频方式记录下来。（注意：视频需组内成员合作完成，视频应对急流、缓流及水跃类型等进行说明。）

【步骤 6】 利用实验室模型板形成消力坎式消力池，调节消力坎的位置使消力池池长变化，观察分析消力池内水流现象，用视频方式记录下来。

【步骤 7】 利用实验室模型板形成缩合式消力池，调节模型板使消力池池长变化，观察分析消力池内水流现象，用视频方式记录下来。

3. 评价反馈

任务评价包括学生自评（35％）和小组评价（30％）和教师评价（35％）三部分。学生自评成绩借助在线课程、慕课堂等数字化平台评定，考核内容包括引导任务及任务实施中的客观题；小组评价由组长联合组内成员共同评定，小组评价表和教师评价表见基表1-8和基表1-9。

基表1-8　　　　　　　　　　　　　　小 组 评 价 表

班级		姓名		学号	
任务四	泄水建筑物消能水力分析及基本计算				
评价项目	评价标准			分值	得分
①	思维活跃，底流衔接消能水力要素量测及计算中思路清晰正确			6	
②	组内相处融洽，与人为善，尊重团结同学			6	
③	踏实认真地完成实训中量测、数据记录等任务			6	
④	遵守各项规章制度及实训安排			6	
⑤	有自我管理和自学能力，在实训任务中提升自己			6	

基表1-9　　　　　　　　　　　　　　教 师 评 价 表

班级		姓名		学号	
任务四	泄水建筑物消能水力分析及基本计算				
评价项目	评价标准			分值	得分
①	按时提交任务实训成果			7	
②	实训报告内容完整，图表齐全准确			7	
③	实训报告条理清晰，水力计算结果正确			7	
④	实训中爱学习爱思考，掌握任务中知识技能点			7	
⑤	理解泄水建筑物消能的原理及作用，了解典型水利工程的消能方式。实训汇报中语言流畅清晰，仪态自然大方			7	

任务五　平面壁上的静水作用力分析与计算

1. 引导问题

（1）静水总压力的计算内容不包括（　　）。

A、大小　　　　　　　B、方向　　　　　　C、作用点　　　　　D、速度

（2）在静止液体中，静水总压力的方向总是（　　）。

A、倾斜指向受压面　　B、平行于受压面　　C、垂直指向受压面　　D、背离受压面

（3）实训中需要组内同学间团结协作，"不怕狼一样的对手，就怕猪一样的队友！"，结合实训谈谈自己对这句话的体会及感受。

2. 工作实施

【步骤1】　观察分析实用堰挡水时水流状态（基图1-6），完成下面问题。

基图1-6　实用堰挡水

（1）实用堰蓄水顶部不溢流时堰前水流近似处于（　　）状态。

A、静止　　　　　　　B、运动　　　　　　　C、流动

（2）实用堰顶部不溢流时，堰受静水压力作用，受压面形状为（　　）。

A、梯形　　　　　　　B、矩形　　　　　　　C、三角形　　　　　　　D、圆形

【步骤2】　关闭进水阀门，使实用堰顶部不溢流，量测实用堰堰前水深 h 和实用堰的宽度 b。

堰前水深 h＝＿＿＿＿，实用堰的宽度 b＝＿＿＿＿

【步骤3】　根据步骤2观测数据，计算实用堰挡水时，实用堰所受静水总压力。

3. 评价反馈

任务评价包括学生自评（35%）和小组评价（30%）和教师评价（35%）三部分。学生自评成绩借助在线课程、慕课堂等数字化平台评定，考核内容包括引导任务及任务实施中的客观题；小组评价由组长联合组内成员共同评定，小组评价表和教师评价表见基表1-10和基表1-11。

基表 1 – 10   小 组 评 价 表

班级		姓名		学号	
任务五		平面壁上的静水作用力分析与计算			
评价项目		评价标准		分值	得分
①		思维活跃，静水总压力计算中思路清晰正确		6	
②		组内相处融洽，与人为善，尊重团结同学		6	
③		踏实认真地完成实训中量测、数据记录等任务		6	
④		遵守各项规章制度及实训安排		6	
⑤		有自我管理和自学能力，在实训任务中提升自己		6	

基表 1 – 11   教 师 评 价 表

班级		姓名		学号	
任务五		平面壁上的静水作用力分析与计算			
评价项目		评价标准		分值	得分
①		按时提交任务实训成果		7	
②		实训报告内容完整，图表齐全准确		7	
③		实训报告条理清晰，水力计算结果正确		7	
④		实训中爱学习爱思考，掌握任务中知识技能点		7	
⑤		掌握静水总压力计算方法，领悟团队协作的重要。实训汇报中语言流畅清晰，仪态自然大方		7	

五、相关知识点

（一）渠道基础知识

1. 明渠水流特点

明渠水流具有自由水面，自由水面上各点压强均等于大气压强，相对压强为零，在重力作用下流动，所以明渠水流又称为无压流。天然河道、人工修建的渠道、无压隧洞及渡槽中的水流都属于明渠水流。

明渠水流按其运动要素是否随时间变化，分为恒定流和非恒定流；根据运动要素是否沿流程变化，可分为均匀流和非均匀流。

2. 渠道的底坡

沿水流运动方向，明渠渠底单位流程下降的高度称为底坡，用 i 表示，如基图 1 – 7 所示。

$$i = \sin\theta = \frac{z_1 - z_2}{L'} \tag{1-1}$$

根据底坡定义，渠道底坡分为三种（见基图 1 – 8）：

当渠底高程沿流程下降时，即 $i > 0$，称为正坡或顺坡。

当渠底高程沿流程不变时，即 $i = 0$，称为平坡。

当渠底高程沿流程升高时，即 $i < 0$，称为逆坡或负坡。

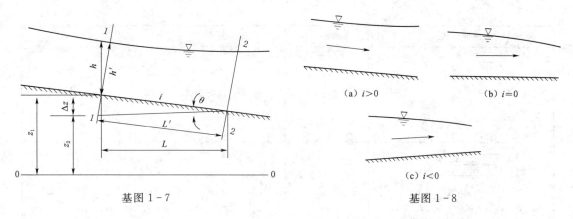

基图 1-7　　　　　　　　　　　　　　　　　基图 1-8

3. 明渠均匀流特点

明渠均匀流是一种等速直线流动的水流，具有下列特征：

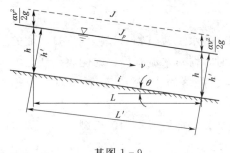

(1) 过水断面的形状和尺寸沿程保持不变。

(2) 过水断面的流速分布沿程保持不变，故断面平均流速和流速水头沿程保持不变。

(3) 总水头线、水面线和渠底线相互平行，水力坡度 J、水面坡度 J_p 和底坡 i 三者相等，即 $J = J_p = i$，见基图 1-9。

4. 明渠均匀流的形成条件

基图 1-9

(1) 水流必须是恒定流，沿程没有流量流出和汇入。

(2) 渠道必须为底坡不变的正坡渠道。只有正坡明渠，才有可能使重力沿水流方向的分量与边界对水流的阻力相平衡。在平坡和逆坡明渠中均不可能形成均匀流。

(3) 明渠的粗糙程度沿程不变，这样才能保证水流周界阻力 F 沿程不变。

(4) 渠道必须为长直棱柱体渠道，渠道中不存在任何阻碍水流运动的建筑物。非棱柱体渠道内不可能形成均匀流，如果在棱柱体渠道中修建有闸、坝等水工建筑物，改变了渠道过水断面的大小和渠道的阻力，水工建筑物上下游附近不能形成均匀流。

5. 明渠横断面

常见明渠过水断面水力要素见基表 1-12。

基表 1-12　　　　　　　　　　　常见明渠过水断面水力要素

断面形状	水面宽度 B	过水断面面积 A	湿周 χ	水力半径 R
	b	bh	$b+2h$	$\dfrac{bh}{b+2h}$

续表

断面形状	水面宽度 B	过水断面面积 A	湿周 χ	水力半径 R
	$b+2mh$	$(b+mh)h$	$b+2h\sqrt{1+m^2}$	$\dfrac{(b+mh)h}{b+2h\sqrt{1+m^2}}$
	$2\sqrt{h(d-h)}$	$\dfrac{d^2}{8}(\theta-\sin\theta)$	$\dfrac{1}{2}\theta d$	$\dfrac{d}{4}\left(1-\dfrac{\sin\theta}{\theta}\right)$

（二）堰流基础知识

1. 堰及堰流

堰是河渠中修建的既可以挡水而顶部又可以溢流的水工建筑物（基图 1-3）。堰的上游水流受其约束，上游水位壅高，水流经堰顶泄流时，堰对水流有局部的侧收缩或底坎垂向收缩约束，形成堰顶水面不受任何约束呈连续自由降落的急变流，这种水流现象称为堰流。

在水利工程中，根据不同的建筑条件及使用要求，将堰做成不同的类型。不同类型的堰，其外形、厚度、水流现象及过水能力也不同。

在基图 1-10 中，P_1 为堰顶超出上游河床的高度，称为上游堰高；P_2 为堰顶超出下游河床的高度，称为下游堰高；H 为堰前水头，它是从堰顶起算距堰壁 $(3\sim4)H$ 的 0—0 过水断面处的水深。堰前 0—0 过水断面的平均流速 v_0 称为堰前行近流速，堰的上游水位也应在此量测；δ 为沿水流方向水流溢过堰顶的厚度。

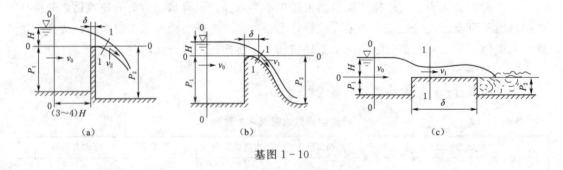

基图 1-10

2. 堰流分类

根据堰顶厚度 δ 与堰前水头 H 的比值，将堰流分为以下三种：

（1）薄壁堰流。堰顶厚度 $\delta\leqslant0.67H$ 时，为薄壁堰。通过薄壁堰顶下泄的水流，水舌下缘与堰顶只有线的接触，下泄水流几乎不受堰顶厚度 δ 的影响，水面呈单一降落曲线的水流称为薄壁堰流〔基图 1-10（a）〕。

（2）实用堰流。堰顶厚度 $0.67H < \delta \leqslant 2.5H$ 时，为实用堰。通过堰顶下泄的水舌下缘与堰顶呈面接触，水流受到堰顶的约束和顶托，但其泄流主要是重力作用，水流仍是单一降落的曲线，这种水流称为实用堰流〔基图1-10（b）〕。

（3）宽顶堰流。堰顶厚度 $2.5H < \delta \leqslant 10H$ 时，为宽顶堰。水流受到堰顶的顶托作用已非常明显，在堰顶进口处水面发生明显跌落。当 $4H < \delta \leqslant 10H$ 时，水面线与堰顶近似平行，水面不再是单一降落的曲线，下游水位较低时，出口水面会产生第二次降落，这种水流称为宽顶堰流〔基图1-10（c）〕。

3. 堰流流量公式

在实际工程中，当下游水位较高或下游堰高较小时会降低堰的过流能力，这种堰流称为淹没出流；反之称为自由出流。当堰顶的过水宽度小于上游引水渠宽度或者堰顶设有边墩和闸墩，会引起过堰水流的侧收缩，降低过流能力，这种堰流称为有侧收缩堰流，反之称为无侧收缩堰流。若考虑下游水位和侧收缩对堰流的影响，则堰流公式可写为

$$Q = \sigma_s \varepsilon m B \sqrt{2g} H_0^{\frac{3}{2}} \qquad (1-2)$$

式中　B ——堰顶过水断面净宽度；

　　　H_0 ——包括流速水头在内的堰前总水头；

　　　σ_s ——考虑下游水位对泄流影响系数，称为淹没系数，$\sigma_s \leqslant 1$，当自由出流时 $\sigma_s = 1$；

　　　m ——流量系数；

　　　ε ——侧收缩系数，$\varepsilon \leqslant 1$，无侧收缩影响时 $\varepsilon = 1$。

4. 薄壁堰过流能力计算

（1）矩形薄壁堰。

在利用薄壁堰量测流量时，为了便于根据直接测出的水头计算流量，常把行近流速的影响考虑在流量系数中，矩形薄壁堰流量公式为

$$Q = m_0 B \sqrt{2g} H^{\frac{3}{2}} \qquad (1-3)$$

行近流速水头的流量系数 m_0 可按经验公式 $m_0 = \frac{2}{3}\left(0.605 + \frac{0.001}{H} + 0.08\frac{H}{P_1}\right)$ 计算，该经验公式适用于 $H \geqslant 0.025\text{m}$，$P_1/H \leqslant 2$ 及 $P_1 \geqslant 0.3\text{m}$ 的情况。

【案例 1-1】 一条渠道末端设有矩形无侧收缩薄壁堰用来量测流量，已知堰前水头 $H = 0.3\text{m}$，堰高 $P_1 = P_2 = 0.6\text{m}$，堰顶过水净宽度 $B = 1.5\text{m}$，下游为自由出流，求通过薄壁堰的流量 Q。

【分析与计算】

因无侧收缩且为自由出流，可先按经验公式计算流量系数 m_0，然后用式（1-2）计算流量。

$$m_0 = \frac{2}{3}\left(0.605 + \frac{0.001}{H} + 0.08\frac{H}{P_1}\right) = \frac{2}{3} \times \left(0.605 + \frac{0.001}{0.3} + 0.08 \times \frac{0.3}{0.6}\right) = 0.432$$

把 m_0 代入式（1-2）计算流量

$$Q = m_0 B \sqrt{2g} H^{\frac{3}{2}} = 0.432 \times 1.5 \times \sqrt{2 \times 9.8} \times 0.3^{\frac{3}{2}} = 0.472(\text{m}^3/\text{s})$$

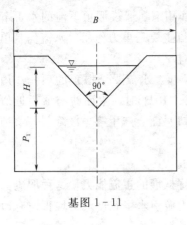

基图 1-11

（2）直角三角形薄壁堰。

当测量流量较小（$Q < 0.1 \mathrm{m^3/s}$）时，若采用矩形薄壁堰计算公式会由于堰前水头过小，导致误差增大。为提高量测精度，常采用直角三角形薄壁堰（基图 1-11）。

直角三角形薄壁堰的流量计算公式为

$$Q = C_0 H^{\frac{5}{2}} \tag{1-4}$$

$$C_0 = 1.354 + \frac{0.004}{H} + \left(0.14 \frac{0.2}{\sqrt{P_1}}\right)\left(\frac{H}{B_0} - 0.09\right)^2 \tag{1-5}$$

式中　C_0——三角形薄壁堰的流量系数；

　　　B_0——堰上游引水渠宽度，m。

当 $0.5 \mathrm{m} \leqslant B_0 \leqslant 1.2 \mathrm{m}$、$0.1 \mathrm{m} \leqslant P_1 \leqslant 0.75 \mathrm{m}$、$0.07 \mathrm{m} \leqslant H \leqslant 0.26 \mathrm{m}$ 且 $H \leqslant B_0/3$ 时，流量测量误差小于 $\pm 1.4\%$。有时近似采用 $C_0 = 1.4$。

5. 实用堰过流能力计算

（1）实用堰流量系数 m 的确定。

根据实验分析，当堰的剖面形状一定时，曲线形实用堰的流量系数主要取决于上游堰高与设计水头之比 P_1/H_d、堰前总水头与设计水头之比 H_0/H_d 以及堰的上游面坡度。

当堰前水头 $H = H_d$ 时，流量系数 $m_d = 0.502$，$H \neq H_d$ 时，流量系数可按下式计算：

$$m = 0.502 \frac{m}{m_d} \tag{1-6}$$

式中 m/m_d 与 H_0/H_d、P_1/H_d 有关。

对上游面是垂直的 WES 剖面堰，若 $P_1/H_d \geqslant 1.33$，属于高堰。因为高堰，堰前行近流速较小，水流充分收缩，流量系数 m 只与 H_0/H_d 有关，与 P_1/H_d 无关，可由基图 1-12 的曲线（a）查得。当堰前水头 $H > H_d$ 时，堰面压强减小，流量系数 $m > m_d$，堰的过流能力增大。

若 $P_1/H_d \leqslant 1.33$，为低堰。流量系数不仅与 H_0/H_d 有关，还与 P_1/H_d 有关，即 $\frac{m}{m_d} = f\left(\frac{H_0}{H_d}, \frac{P_1}{H_d}\right)$。流量系数仍按式（1-6）计算，$m/m_d$ 可根据 P_1/H_d 的数值，由基图 1-12 中曲线（b）（c）（d）（e）查出。

在确定曲线形实用堰流量系数时，应首先判断堰前水头 H_0 与设计水头 H_d 是否相等，若相等则 $m = 0.502$；若不相等，则需要根据 P_1/H_d 判断是高堰还是低堰。当 $P_1/H_d \geqslant 1.33$ 为高堰时，在基图 1-12 中以纵坐标 H_0/H_d 的值做水平线与（a）曲线相交，查出交点对应的横坐标 $\frac{m}{m_d}$，代入 $m = 0.502 \frac{m}{m_d}$ 即可算出流量系数 m。当 $P_1/H_d < 1.33$ 为低堰时，需要利用 P_1/H_d 的值在基图 1-12 曲线（b）（c）（d）（e）中选择合适的曲线，再以纵坐标 H_0/H_d 的值做水平线与曲线相交，查出交点对应的横坐标 $\frac{m}{m_d}$，代

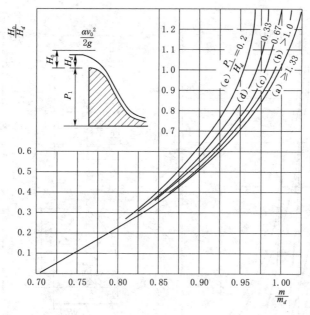

基图 1-12

入 $m=0.502\dfrac{m}{m_d}$ 即可算出流量系数 m。

（2）实用堰侧收缩系数 ε 的确定。

当堰的过水净宽度小于引水渠宽度时，并且溢流堰顶上设置有闸墩和边墩。水流流经闸墩和边墩时发生脱离边界的现象，减小了有效过流宽度，使堰的过流能力降低，水流发生侧收缩现象，计算时要考虑侧收缩的影响。

侧收缩系数 ε 与堰前水头 H_0、边墩和闸墩头部的形式、堰孔的孔数、尺寸有关。堰的剖面形式不同，确定侧收缩系数的方法有所不同。对于 WES 剖面高堰可用下面经验公式确定侧收缩系数：

$$\varepsilon=1-2[K_a+(n-1)K_p]\frac{H_0}{nb} \tag{1-7}$$

式中 K_a——边墩形状系数；

$\quad\ \ K_p$——闸墩形状系数；

$\quad\ \ n$——闸孔数目；

$\quad\ \ b$——单孔净宽。

K_p 取决于闸墩的头部形式、H_0/H_d 以及闸墩的头部与上游面的相对位置。对于头部与堰的上游面齐平的高溢流堰，基图 1-13 给出了各种墩头形状与 H_0/H_d 的关系曲线。

（3）实用堰淹没系数 σ_s 的确定。

水力计算中，通常用淹没系数 σ_s 综合反映了下游水位及护坦对过流能力的影响。淹没系数 σ_s 与 h_s/H_0 和 P_2/H_0 有关，对 WES 剖面，淹没系数 σ_s 可以查基图 1-14 得到。从基图 1-14 可得出：在 $P_2/H_0>2$，$h_s\leqslant0.15H_0$ 的范围内，为自由出流，淹没系数 $\sigma_s=1$。

在利用基图 1-14 确定曲线型实用堰的淹没系数时，首先计算 P_2/H_0 和 h_s/H_0，以

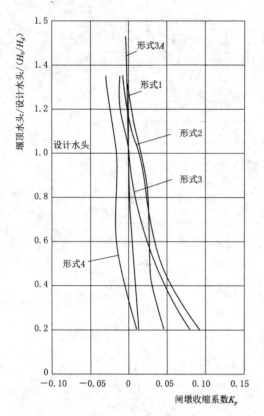

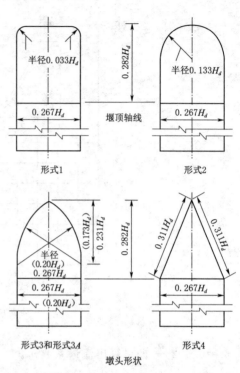

注：墩尖齐溢流堰上游面，括弧内尺寸系指形式3A。

基图 1-13

横坐标 P_2/H_0 的点做垂直线、纵坐标 h_s/H_0 的点做水平线，若交点位于图中的曲线上，则曲线上对应的值为淹没系数 σ_s，若交点在两条曲线之间则可内插近似确定淹没系数 σ_s。

（4）实用堰过流能力计算参考案例。

【案例 1-2】 某 WES 剖面的曲线形实用堰，共 3 孔，单孔净宽度 $b=14\text{m}$，堰与非溢流的混凝土坝相接，边墩和闸墩墩头部均为圆弧形，堰高 $P_1=P_2=12\text{m}$，下游水深 $h_t=13\text{m}$，设计水头 $H_d=3.11\text{m}$。试求堰前水头 $H=4\text{m}$ 时通过溢流堰的流量 Q。

【分析与计算】

计算溢流堰通过的流量 Q 需要确定流量系数 m、侧收缩系数 ε 和淹没系数 σ_s，再通过堰流水力计算基本公式求解。首先通过判断高、低堰来确定是否计算行近流速 v_0。

$P_1/H_d=3.86>1.33$ 为高堰，可以不计算行近流速水头，即 $H_0\approx H$。

（1）确定流量系数 m。

对于 WES 剖面堰，当 $P_1/H_d\geqslant1.33$ 为高堰时，流量系数 m 只与 H_0/H_d 有关，与 P_1/H_d 无关，可以通过基图 1-12 的曲线（a）查得 $\dfrac{m}{m_d}$。

由 $\dfrac{H_0}{H_d}=\dfrac{4}{3.11}=1.286$，由基图 1-12 查得 $\dfrac{m}{m_d}=1.024$，则流量系数

$$m=0.502\frac{m}{m_d}=0.502\times1.024=0.514$$

（2）确定侧收缩系数 ε。

对与混凝土非溢流堰相接的圆弧形边墩 $K_a=0.1$，由 $\dfrac{H_0}{H_d}=\dfrac{4}{3.11}=1.286$，闸墩形状为形式 2，查基图 1-13 得 $K_p=-0.01$。

$$\varepsilon=1-2[K_a+(n-1)K_p]\frac{H_0}{nb}$$

$$=1-2\times(0.1-2\times0.01)\times\frac{3.36}{3\times14}$$

$$=0.987$$

（3）确定淹没系数 σ_s。

因为 $P_2/H_0=3>2$，$h_s/H_0=0.25>0.15$，所以为淹没出流。在基图 1-14 中，根据横坐标 P_2/H_0、纵坐标 h_s/H_0 对应点的位置，可确定淹没系数。当其对应点的位置在图中的曲线上，则该曲线上对应的值就为淹没系数 σ_s，当其对应点落在两条曲线之间则可内插近似确定淹没系数 σ_s。本案例 P_2/H_0、h_s/H_0 对应点落在 $\sigma_s=0.99$ 曲线与 $\sigma_s=0.995$ 曲线之间，内插近似得 $\sigma_s=0.991$。

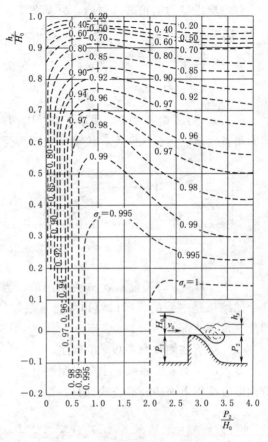

基图 1-14

（4）计算堰流泄流量 Q。

堰流水力计算基本公式 $Q=\sigma_s\varepsilon mB\sqrt{2g}H_0^{\frac{3}{2}}$，将 m、ε、σ_s 代入上式即可求得

$$Q=\sigma_s\varepsilon mB\sqrt{2g}H_0^{\frac{3}{2}}$$

$$=0.991\times0.987\times0.514\times3\times14\times\sqrt{19.6}\times4^{\frac{3}{2}}$$

$$=747.86(\text{m}^3/\text{s})$$

6. 宽顶堰过流能力计算

（1）宽顶堰流量系数 m 的确定。

宽顶堰的流量系数 m 取决于堰的进口形式和堰的相对高度 P_1/H，对于不同的进口形式，可选用不同的经验公式进行计算。

对堰坎进口为直角的宽顶堰，见基图 1-15（a），流量系数为

$$m=0.32+0.01\frac{3-\dfrac{P_1}{H}}{0.46+0.75\dfrac{P_1}{H}} \tag{1-8}$$

对堰坎进口为圆角的宽顶堰，见基图 1-15 (b)，并且 $r \geqslant 0.2H$，流量系数为

$$m = 0.36 + 0.01 \frac{3 - \dfrac{P_1}{H}}{1.2 + 1.5 \dfrac{P_1}{H}} \tag{1-9}$$

式 (1-8)、式 (1-9) 适用于 $0 \leqslant P_1/H \leqslant 3$ 的情况。当 $P_1/H > 3$ 时，由堰高所引起的垂直收缩已达最大限度，流量系数不再受 P_1/H 的影响，按 $P_1/H = 3$ 计算。

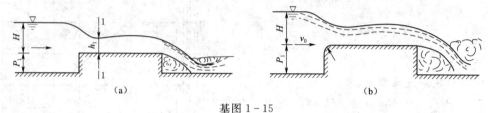

基图 1-15

当 $P_1/H = 3$ 时流量系数 m 为最小值；当 $P_1 = 0$ 时，$m = 0.385$ 为最大值，这和理论推导的结果是一致的。所以宽顶堰流量系数的变化范围为：直角进口 $m = 0.32 \sim 0.385$，圆角进口 $m = 0.36 \sim 0.385$。

（2）宽顶堰侧收缩系数 ε 的确定。

宽顶堰的侧收缩系数 ε 主要与闸墩（边墩）头部的形状以及堰的进口形式有关，单孔宽顶堰直接用下面的经验公式计算：

$$\varepsilon = 1 - \frac{a_0}{\sqrt[3]{0.2 + \dfrac{P_1}{H}}} \times \sqrt[4]{\frac{b}{B_0}} \left(1 - \frac{b}{B_0}\right) \tag{1-10}$$

式中　P_1——上游堰高；

B_0——上游引水渠宽度，对于梯形断面近似用一半水深处的渠道宽，即 $B_0 = b_0 + mh$；

b_0——引渠的底宽；

m——边坡系数；

h——水深；

b——溢流孔单孔净宽；

a_0——反映墩头形状对侧收缩影响的系数，墩头为矩形，$a_0 = 0.19$；墩头为圆弧形，$a_0 = 0.10$。

式 (1-10) 的适用条件为：$b/B_0 \geqslant 0.2$ 且 $P_1/H < 3$，当 $b/B_0 < 0.2$ 时，取 $b/B_0 = 0.2$；$P_1/H > 3$ 时，取 $P_1/H = 3$。

对于多孔宽顶堰，利用式 (1-10) 分别求出中孔侧收缩系数 ε' 和边孔侧收缩系数 ε''，而后求出侧收缩系数的加权平均值 $\bar{\varepsilon}$，设孔数为 n，则：

$$\bar{\varepsilon} = \frac{1}{n} \left[(n-1)\varepsilon' + \varepsilon''\right] \tag{1-11}$$

需要注意的是：用式（1-11）计算中孔侧收缩系数 ε' 时，$B_0=b+d$，d 为闸墩厚度；计算边孔侧收缩系数 ε'' 时，$B_0=b+2\Delta$，Δ 为边墩边缘与堰上游同侧渠道水边线间的距离。

（3）宽顶堰淹没系数 σ_s 的确定。

当下游水位低于堰顶时，堰顶水流因受堰坎垂直方向的约束，进口处水面发生跌落，并在距进口约 $2H$ 处形成收缩断面，且收缩断面水深 $h_c<h_k$，堰顶水流为急流，并在出口后产生第二水面跌落，此种情况为自由出流；当下游水位高于堰顶，但仍低于 $K-K$ 线时，收缩断面水深仍小于临界水深，堰顶水流还为急流状态，此种情况也为自由出流，如基图 1-16（a）所示；当下游水位继续上升到高于 $K-K$ 线时，堰顶产生波状水跃，如基图 1-16（b）所示。随着下游水位不断升高，水跃位置向上游移动，实验证明：当堰顶以上水深 $h_s\geqslant(0.75\sim0.85)H_0$ 时，水跃移动到收缩断面上游，收缩断面水深大于临界水深，堰顶水流为缓流状态，此种情况为淹没出流，如基图 1-16（c）所示。实验证明宽顶堰的淹没条件为：$h_s/H_0\geqslant0.8$（取平均值）。

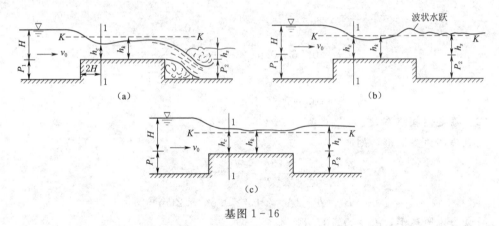

基图 1-16

宽顶堰的淹没系数 σ_s 反映了下游水位对宽顶堰过流能力的影响，它随淹没度 h_s/H_0 的增大而减小，可查基表 1-13。

基表 1-13　　　　　　　　　　　宽顶堰的淹没系数表

$\dfrac{h_s}{H_0}$	$\leqslant0.80$	0.81	0.82	0.83	0.84	0.85	0.86	0.87	0.88	0.89
σ_s	1.00	0.995	0.990	0.98	0.97	0.96	0.95	0.93	0.90	0.87
$\dfrac{h_s}{H_0}$	0.90	0.91	0.92	0.93	0.94	0.95	0.96	0.97	0.98	
σ_s	0.84	0.82	0.78	0.74	0.70	0.65	0.59	0.50	0.40	

（4）宽顶堰过流能力计算参考案例。

【案例 1-3】　某有坎宽顶堰上设置有进水闸（基图 1-17），共 3 孔，单孔净宽度 $b=2\text{m}$，上游引水渠为矩形横断面，宽 $B_0'=9.6\text{m}$，当闸门全开时，上游水深 $H_1=3\text{m}$，下游水深 $h_t=2.7\text{m}$，上游坎高 $P_1=0.6\text{m}$，下游坎高 $P_2=0.5\text{m}$，边墩及闸墩头部均为半圆形，墩厚 $d=1.2\text{m}$，若不计行近流速，试求过堰流量 Q。

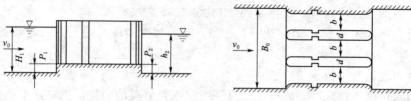

基图 1-17

【分析与计算】

闸门全开为有坎宽顶堰流，则计算公式为 $Q=\sigma_s \varepsilon m B \sqrt{2g} H_0^{\frac{3}{2}}$。

堰前水头 $H=H_1-P_1=3-0.6=2.4(\text{m})$，因不计行近流速 v_0，故 $H_0 \approx H=2.4\text{m}$。

(1) 确定流量系数 m。因进口为圆形，则流量系数为

$$m=0.36+0.01\times\frac{3-\dfrac{P_1}{H}}{1.2+1.5\dfrac{P_1}{H}}$$

$$=0.36+0.01\times\frac{3-\dfrac{0.6}{2.4}}{1.2+1.5\times\dfrac{0.6}{2.4}}$$

$$=0.377$$

(2) 确定侧收缩系数 ε。

边墩头部为半圆形，则

$$\Delta=\frac{B_0'-(3b+2d)}{2}=0.6(\text{m})$$

$$B_0=b+2\Delta=2+2\times0.6=3.2(\text{m})$$

闸墩头为圆弧形，$a_0=0.10$。则

$$\varepsilon''=1-\frac{a_0}{\sqrt[3]{0.2+\dfrac{P_1}{H}}}\times\sqrt[4]{\frac{b}{B_0}}\left(1-\frac{b}{B_0}\right)$$

$$=1-\frac{0.10}{\sqrt[3]{0.2+\dfrac{0.6}{2.4}}}\times\sqrt[4]{\frac{2}{3.2}}\times\left(1-\frac{2}{3.2}\right)=0.956$$

闸墩为半圆形，则

$$B_0=b+d=3+1.2=3.2(\text{m})$$

$$\varepsilon'=1-\frac{\alpha_0}{\sqrt[3]{0.2+\dfrac{P_1}{H}}}\times\sqrt[4]{\frac{b}{B_0}}\left(1-\frac{b}{B_0}\right)$$

$$=1-\frac{0.10}{\sqrt[3]{0.2+\dfrac{0.6}{2.4}}}\times\sqrt[4]{\frac{2}{3.2}}\times\left(1-\frac{2}{3.2}\right)=0.956$$

$$\bar{\varepsilon}=\frac{1}{n}[(n-1)\varepsilon'+\varepsilon'']=\frac{1}{3}\times[(3-1)\times0.956+0.956]=0.956$$

（3）淹没系数 σ_s 及流量 Q 确定。

判别是否淹没：$h_s=h_t-P_2=2.7-0.5=2.2$（m），$0.8H_0=0.8\times2.4=1.92$（m），因为 $h_s>0.8H_0$ 为淹没宽顶堰出流。计算 $h_s/H_0=0.92$，查基表 1-12 得 $\sigma_s=0.78$，则

$$Q=\sigma_s\varepsilon mB\sqrt{2g}H_0^{\frac{3}{2}}$$

$$=0.78\times0.956\times0.377\times3\times2\times4.43\times2.4^{\frac{3}{2}}$$

$$=27.76(\text{m}^3/\text{s})$$

（三）闸孔出流基础知识

1. 闸孔出流自由出流和淹没出流

如基图 1-18 为闸孔恒定出流，闸底坎为无坎宽顶堰，闸门为平板闸门，e 为闸门开启高度，H 为闸前水头。水流由闸门底缘流出时，由于受闸门的约束，流线发生急剧弯曲收缩，出闸后由于惯性的作用流线继续收缩，大约在距闸门（0.5~1）e 处为水深最小的收缩断面 $c—c$。收缩断面 $c—c$ 处的水深 h_c 一般小于临界水深 h_k，水流为急流状态。而闸孔下游渠槽中的水深 h_t 一般大于临界水深 h_k，水流呈缓流状态，因此闸后水流从急流到缓流要发生水跃。水跃位置随下游水深 h_t 变化而变化，下游水深增大水跃向上游移动，下游水深减小水跃向下游移动，水跃发生的位置不同对闸孔出流泄流能力的影响不一样，从而使闸孔出流可分为自由出流和淹没出流。设收缩断面水深 h_c 所对应的共轭水深为 h_c''，当 $h_c''>h_t$ 时水跃发生在收缩断面下游，称为远驱式水跃［基图 1-18（a）］；当 $h_c''=h_t$ 时水跃发生在收缩断面处，称为临界式水跃［基图 1-18（b）］，这两种情况下水跃对应的下游水位都不影响闸孔的过流能力称为闸孔的自由出流；当 $h_c''<h_t$ 时水跃发生在收缩断面上游，称为淹没式水跃［基图 1-18（c）］，此时下游水位使闸孔的过流能力减小，称为闸孔淹没出流。

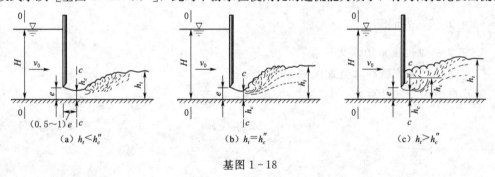

（a）$h_t<h_c''$　　　　　　　（b）$h_t=h_c''$　　　　　　　（c）$h_t>h_c''$

基图 1-18

2. 堰流和闸孔出流的判别

实际工程中，对同一建筑物而言，如建在实用堰或宽顶堰堰顶上的水闸，在某些条件下为闸孔出流，当条件变化就可能属于堰流，堰流和闸孔出流在一定条件下是可以互相转化的。如闸孔出流的闸门开启高度 e 增大到一定值时，闸前水面下降而不受闸门底缘约束，则水流就由闸孔出流转化为堰流；反之，如原为堰流，当闸门的开启高度减少，闸门底缘对水流起控制作用时，水流则转化为闸孔出流（基图 1-19）。堰流与闸孔出流两种

流态相互转化的条件，除与闸门的相对开启高度 e/H 有关外，还和闸底坎形式等有关。一般采用下列判别式来区分堰流和闸孔出流。

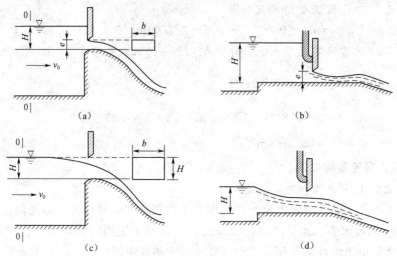

基图 1-19

当闸底坎为宽顶堰时，

$\dfrac{e}{H} \leqslant 0.65$，为闸孔出流；

$\dfrac{e}{H} > 0.65$，为堰流。

当闸底坎为曲线堰时，

$\dfrac{e}{H} \leqslant 0.75$，为闸孔出流；

$\dfrac{e}{H} > 0.75$，为堰流。

3. 闸孔出流过流能力水力计算

（1）闸孔出流流量计算公式。

闸孔自由出流的计算公式为

$$Q = \mu_0 n b e \sqrt{2gH_0} \tag{1-12}$$

$$H_0 = H + \frac{\alpha v_0^2}{2g}$$

式中　μ_0——闸孔出流的流量系数；

　　　n——闸门孔数；

　　　b——闸孔净宽；

　　　e——闸门开启高度；

　　　H_0——包括流速水头在内的闸前总水头。

闸孔淹没出流水力计算公式为

$$Q = \sigma_s \mu_0 nbe \sqrt{2gH_0} \qquad (1-13)$$

式中　σ_s——淹没系数。

（2）闸孔出流流量系数 μ_0 确定。

对于不同的闸门形式及闸底坎，流量系数 μ_0 确定方法不一样。对于底坎为宽顶堰型的平板闸门，流量系数 μ_0 可按南京水利科学研究所的经验公式计算：

$$\mu_0 = 0.60 - 0.176 \frac{e}{H} \qquad (1-14)$$

（3）闸孔出流淹没系数 σ_s 确定。

基图 1-20 为闸孔淹没出流，闸孔出流淹没系数 σ_s 与 $\dfrac{h_t - h_c''}{H - h_c''}$ 比值有关，可查基图 1-21 确定淹没系数。

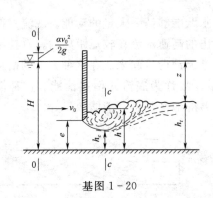

基图 1-20

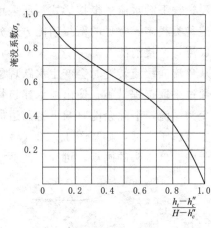

基图 1-21

（4）闸孔出流过流能力计算参考案例。

【案例 1-4】　某水闸为平板闸门，无底坎，闸前水头 $H = 3\text{m}$，单孔过水净宽 $b = 3\text{m}$，闸门开启度 $e = 0.6\text{m}$，下游水深较小，为自由出流，不计闸前行近流速 v_0，流速系数 φ 取 0.97，求闸的泄流量；若考虑闸前行近流速，闸前渠道为矩形断面，且渠道宽 $B_0 = 4\text{m}$，其他条件不变，求闸的泄流量。

【分析与计算】

（1）不计行近流速。

首先判别流态。根据 $\dfrac{e}{H} = \dfrac{0.6}{3} = 0.2 < 0.65$，为闸孔出流。

应先用式（1-14）求流量系数 μ_0 为

$$\mu_0 = 0.60 - 0.176 \frac{e}{H} = 0.60 - 0.176 \times 0.2 = 0.565$$

再用式（1-12）直接可求流量为

$$Q = \mu_0 nbe \sqrt{2gH_0} = 0.565 \times 1 \times 3 \times 0.6 \times \sqrt{2 \times 9.8 \times 3} = 7.80 (\text{m}^3/\text{s})$$

（2）考虑行近流速。

先设行近流速 $v_0 \approx 0$，$H_0 \approx H$，由上面计算可求出 $Q = 7.80 \text{m}^3/\text{s}$。根据求出的流量可算闸前行近流速：

$$v_0 = \frac{Q}{B_0 H} = \frac{7.80}{4 \times 3} = 0.65(\text{m/s})$$

$$H_0 = H + \frac{v_0^2}{2g} = 3 + \frac{0.65^2}{2 \times 9.8} = 3.02(\text{m})$$

代入式（1-12）再求流量：

$$Q = \mu_0 nbe \sqrt{2gH_0} = 0.565 \times 1 \times 3 \times 0.6 \times \sqrt{2 \times 9.8 \times 3.02} = 7.83(\text{m}^3/\text{s})$$

求出的流量与上一个流量很接近，故 $Q = 7.83 \text{m}^3/\text{s}$ 为所求。

（四）泄水建筑物下游水流衔接和消能相关知识

1. 泄水建筑物下游水流衔接消能的主要形式

泄水建筑物下游水流的衔接形式与所采用的消能措施密切相关。水利工程中采用的衔接消能措施种类很多，常见的衔接消能方式分为以下几种基本形式。

（1）底流式衔接消能。

水流从急流向缓流转变时会产生水跃现象，水跃能够消除大量的动能。底流式衔接与消能就是通过采取工程措施，使由泄水建筑物泄出的高速水流在较短距离内，有控制地通过水跃转变为缓流，消除余能，与下游河道的正常流动衔接起来。在这种方式的衔接消能过程中，主流位于底部，如基图1-22（a）所示，故称为底流式衔接消能。这种消能形式主要用于中、低水头的闸坝，可以广泛适应较差的地基基础，消能效果好。

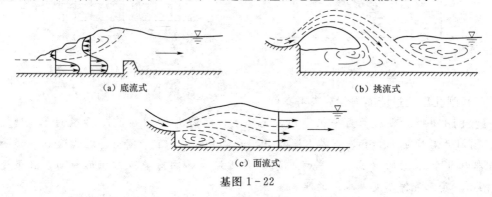

（a）底流式   （b）挑流式

（c）面流式

基图 1-22

（2）挑流式衔接消能。

利用泄出水流本身的动能，在建筑物的出流部位利用挑流鼻坎将水股抛射在离建筑物较远的下游，与下游水流衔接，称为挑流式衔接消能。水流经过挑射，使得对河床的冲刷位置离建筑物较远，不致影响建筑物的安全，如基图1-22（b）所示。泄出水流的余能一部分在空中消散，大部分则在水股跌入下游冲坑时，在冲坑两侧形成水滚而消除。水股跌入处的水流习惯上称为水垫。

（3）面流式衔接消能。

对于建筑物下游水深较大并且比较稳定的情况，可在建筑物出流部位采用低于下游水位的跌坎，将下泄的高速水流送入下游河道水流表层，在坎后形成尺度很大的底部漩滚，把主流与河床隔开，减轻对河床的冲刷，并消除余能。由于主流位于面层，故称为面流式衔接消能，见基图 1-22（c）。

2. 泄水建筑物下游水流衔接形式的判别方法

对于水闸下游以及非基岩或地质条件较差的溢流堰下游，多采用底流式消能。

由泄水建筑物泄出的高速水流（急流）与下游河道中的正常水流（一般是缓流），自然情况下通过形成水跃衔接。设建筑物下游收缩断面处的水深为 h_c，其所对应的共轭水深为 h_c''。比较 h_c'' 和下游河槽水深 h_t 之间的大小判别水跃发生情况，有以下三种水跃衔接形式：

（1）$h_c'' = h_t$ 称为临界式水跃 [基图 1-23（a）]。发生临界式水跃衔接时，消能率较高，但临界水跃很不稳定。

（2）$h_c'' > h_t$ 称为远驱式水跃 [基图 1-23（b）]。发生远驱式水跃衔接时，此种水跃消能率高，不影响泄流，但建筑物下游自收缩断面至水跃跃前断面仍为急流，流速大，对河床与河岸的冲刷能力强，要求保护的范围大，会增大工程的投资，也不利于与下游水流平稳衔接。

（3）$h_c'' < h_t$ 称为淹没式水跃 [基图 1-23（c）]。发生淹没式水跃衔接时，若淹没度较大，则跃前断面的佛汝德数将减小，水跃消能效果会降低，影响泄流。

底流式衔接与消能的目的，就是要通过工程措施，使建筑物下游产生具有一定淹没度的淹没水跃，有效控制水跃位置，以利于建筑物下游的衔接与消能，达到既经济、安全又对泄流影响不大的目的。

3. 修建消力池三种基本方法

（1）降低护坦高程，形成消力池，这种消力池称为挖深式消力池，见基图 1-24（a）。

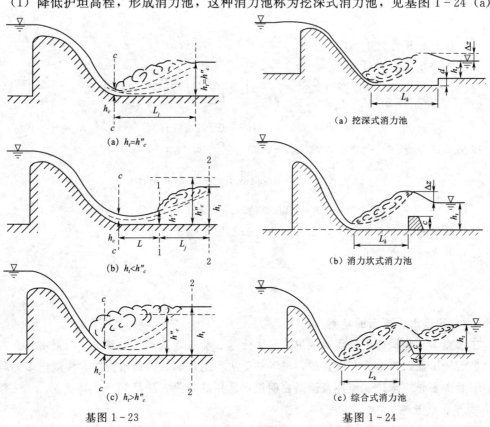

(a) $h_t = h_c''$

(b) $h_t < h_c''$

(c) $h_t > h_c''$

基图 1-23

(a) 挖深式消力池

(b) 消力坎式消力池

(c) 综合式消力池

基图 1-24

（2）在护坦末端设置消力坎以抬高水位，使坎前形成消力池，称为消力坎式消力池，见基图 1-24（b）一般消力坎采用折线形实用堰。

（3）也可以采用既降低护坦又建造消力坎的综合式消力池，见基图 1-24（c）。

无论采用哪种形式的消力池，都必须使消力池末端的水深，满足在消力池内产生淹没水跃的条件。

（五）矩形平面壁静水总压力计算

【案例 1-5】 计算某水闸检修工作，检修闸门关闭时，单孔闸门所受静水总压力，具体尺寸见基图 1-25，闸门宽 $b=4.5\text{m}$。

【分析与计算】

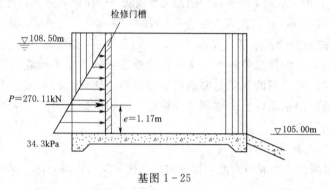

基图 1-25

（1）静水总压力大小。

静水压强分布图面积为

$$\Omega = \frac{1}{2}\gamma hL$$

$$h = 108.50 - 105.00 = 3.5(\text{m})$$

因受压面垂直放，受压面长度 $L=h$，则

$$\Omega = \frac{1}{2} \times 9.8 \times 3.5 \times 3.5 = 60.03(\text{kN/m})$$

$$P = \Omega \times b = 60.03 \times 4.5 = 270.14(\text{kN})$$

（2）静水总压力方向。垂直指向受压面如基图 1-25 所示。

（3）静水总压力作用点。

$$e = \frac{L}{3} = \frac{3.5}{3} = 1.17(\text{m})$$

（六）明渠水力要素的量测

在水力学实验操作中，需要测量水位、流速、流量等基本水力要素。明渠水流上方作用的是大气压强，大多为开敞式的，流动易受边界的影响，因而水力要素量测值多为时均值。下面主要介绍水位、流速及流量在明渠中常用的量测方法。

1. 水位的量测

静止状态或流速较小的水流，水面稳定，很少发生波动。对于流速较大的水流液面会有明显的波动，水位的测量也必须针对其不同的特点来选取比较合适的测量仪器。恒定水位不随时间的变化而变化，恒定水位主要的测量仪器有测尺、测针、测压管等。

（1）测尺法。

直接将具有一定刻度的木制或者金属制的尺子插入水中或者在玻璃水槽、玻璃测管外面直接测读液面高程。这种量测水位的方法简单直接，但是由于液体的表面张力和液面波动的影响，导致精度相对较低。在测量过程中要注意尺子的起始刻度所在的位置，读数时视线要与刻度线平齐。

（2）测针法。

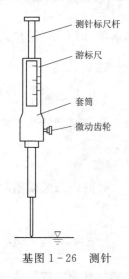

基图 1 - 26　测针

测针是测量恒定水位最常用的一种仪器，其构造如基图 1 - 26所示。测针杆是可以上下移动的标尺杆。测量水位时置于刻有游标的套筒上，微动齿轮可以使测针和标尺做上下的微量移动，能使测针尖刚好与液面接触。水位值即为测针尖刚好接触水面时，游标尺上的零对应测针标杆尺的数值。测针的单位刻度为 1mm，游标刻度与测针刻度重合处游标的读数精度为 0.1mm。

（测针标尺杆

游标尺

套筒

微动齿轮）

移动测针杆测量水位时，应一只手托住套筒，另一只手抓住测针杆将其向上或向下移动到测点的位置附近，此为粗调。然后旋转微动齿轮，使其上下做微量移动至针尖刚好接触水面，此为细调。细调的范围有限，防止损坏测针，一般不大于 0.4cm。当微动齿轮向某一方向移动受阻时，应将齿轮向相反的方向旋转，使测针杆向上或向下移动 1.5cm 左右，再重新按粗调、细调的步骤将测针移至测点的位置。

测量时注意，应该使针尖自上而下地逐渐接近水面，当针尖刚好与液面接触时便立即停止移动测针，微调至测针尖与其在水中的倒影刚好重合时，即为水位的读数。液面有波动时，应测量多次，取其均值作为最终的液位。

（3）测压管法。

测压管是根据连通器等压面原理制作的，测压管内液位与容器或水槽内部的液位等高，如基图 1 - 27 所示。测量时，可利用安装在测压管旁的刻度尺或测针来量测液面的水位值。应注意测压管内不能存有气泡，如果有，测量前应该设法排除，这样才能保证测量读数的准确性。测压管的内径宜大于 10mm，否则会因毛细管作用影响测量的精度。

因测压管法测读方便、精度也高，所以广泛应用在实验室及工业生产中。

上述方法适用于恒定水位的测量，随着现代科技的发展，测量随时间而变化的水位的方法越来越多，有自动跟踪水位议、超声波水位仪等。

2. 流量的量测

流量是水力要素量测中非常重要的内容。量测流量主要采用两种方法：一是根据流量的定义（单位时间内通过某一过水断面的液体体积）进行量测，称为直接量测法；二是根

基图 1 - 27　测压管测水位

据量测其他水力要素如水位、压差或流速等换算得到流量的方法，称为间接量测法。

实验室内明渠流量的量测常采用如下方法。

（1）体积法。

用体积法测流量时，以秒表计时间 ΔT，ΔT 时间内流经渠槽的水的体积 ΔV 用量筒或水箱测出，即可得到流量：

$$Q = \frac{\Delta V}{\Delta T} \tag{1-15}$$

式中流量 Q 的单位为 cm/s、L/s、m/s 或 m/h 等。体积法概念清楚、精度较高。实训室中流量较小时采用这种方法简单易行，但流量较大时则很难测准。

（2）称重法。

称重法测流量与体积法的步骤基本一致。以秒表计时间 ΔT，ΔT 时间内流经渠槽的水的重量 ΔM 用高精度的磅秤来称量，即可得到流量：

$$Q_M = \frac{\Delta M}{\Delta T} \tag{1-16}$$

式中质量流量 Q_M 的单位为 kg/s、g/s 等。质量流量 Q_M 还可以通过量测得到的体积流量 Q 和液体密度 ρ 求得。

（3）量水堰法。

用量水堰法测流量，简便易行，精度也较高，目前被广泛用于实验研究中。

将量水堰板装置于水槽（或水箱）中，堰上游形成壅水现象，量测堰板上游渐变流处的水深 H，利用该堰前水深与过堰流量 Q 之间的特定关系来求得流量，具体计算见任务二中薄壁堰过流能力水力计算。

量水堰的形式有许多种，薄壁堰适用于小流量并有较高的精度，多用于实验室、灌溉渠道和钻井等处测定流量。

还可以采用量水槽法、孔口测流量法等测量明渠流量，这里不一一介绍。

3. 流速的量测

在恒定流情况下，流速的时间平均值不随时间发生变化，但瞬时值是变化的。要测量液体的流速，重要的是测量流速瞬时值，而瞬时值可以通过仪器或者计算求得，进而取平均即得液体的流速值。明渠流流速的测量可以分两大类：一类是小型渠槽流速量测和实验室使用的流速测量方法；另一类是大中型河道的流速测量。小型渠槽流速和实验室流速测量方法有毕托管法、旋桨式流速仪等。

（1）毕托管法。

毕托管是实验室内量测点流速最常用的仪器，如基图 1-28 所示。其前端和侧端均开有小孔，当需要测量流体中某点的

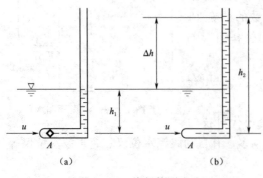

（a）　　　　　　　（b）
基图 1-28　毕托管测流速

流速时，将弯管前端置于该点并正对液流方向，前端小孔（动压管）和侧面小孔（静压管）分别由两个不同通道接入两根测压管，测量时只需读出两根测压管的水面差 Δh，按式（1-17）计算，即可求得测点 A 的流速。

$$u = k\sqrt{2g\Delta h} \qquad\qquad (1-17)$$

式中　k——毕托管修正系数。

　　由于两小孔的位置不同，因而测得的不是同一点上的能量，加之考虑毕托管放入水流中所产生的扰动影响，需要进行流速修正，毕托管修正系数 k 一般取 $0.98\sim1.04$，可由实验确定。

　　毕托管不能自动调整方向，量测时需使毕托管的方向与水流方向一致，否则测得的流速数值就不正确。毕托管使用前应将其放入静水闸，观察其两个管子内液面是否处于同一水平面，以判断毕托管内是否有气泡，如有气泡，应设法将其排走。使用时也需注意勿使毕托管露出水面，以免漏进空气。

　　毕托管具有结构简单、使用方便、测量精度高、稳定性好等诸多优点，应用广泛。毕托管适用流速范围为 $20\sim200\mathrm{cm/s}$，不宜测量过小的流速，否则准确度降低，误差也随之增大。

　　（2）旋桨式流速仪。

　　旋桨式流速仪主要用于测量明渠水流等的流速，是目前国内外实验室常用的量测仪器。旋桨式流速仪有一组可旋转的叶片，受水流的冲击后，叶片的旋转数与水流的流速存在着一定的关系，通过测定叶片的转数，可以间接地确定水流流速。使用时将旋桨传感器固定于被测点，使旋桨正对流动方向，流速越大，叶片转动越快。

　　仪器有体积小，造型轻巧，结构紧凑、精密，携带、使用方便等特点。根据测定转数的方式，旋桨式流速仪有电感式、电阻式和光电式三种。

　　除上述两种流速测量仪器外，还有激光测速仪、热线流速仪和超声波流速仪等较为先进的流速测试仪器，本书不做介绍。

提高模块：段村水利枢纽水力分析与计算

一、工作任务

1. 工程内容

段村水利枢纽工程位于颍河上游登封县境内，控制流域面积94.1km²。根据水能计算，该枢纽死水位348m，最高兴利水位360.52m。设计洪水位按50年一遇，为363.62m，溢洪道泄洪量540m³/s，泄洪洞泄洪量90m³/s；校核洪水位按500年一遇，为364.81m，溢洪道泄洪量800m³/s，泄洪洞泄洪量110m³/s。溢洪道由6段组成，均为混凝土衬砌，如提图2-1所示。

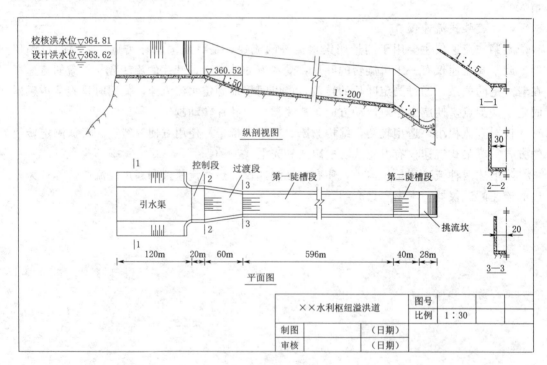

提图2-1

（1）引渠段。长120m，底坡$i=0$，边坡1：1.5，混凝土衬砌。

（2）控制段。采用平底坎宽顶堰，过水宽60m，顺水流长度20m。

（3）渐变段。断面为矩形，长60m，底坡1：50。

（4）第一陡槽段。断面为矩形，底宽 40m，长 596m，底坡 1∶200。

（5）第二陡槽段。断面形状及尺寸同第一陡槽段，长 40m，底坡 1∶8。

（6）挑流消能段。下泄设计洪水时，挑坎下游尾水渠水位 350.64m，下游河底高程 347.2m。

2. 任务要求

（1）按设计洪水流量计算并绘制溢洪道水面曲线。

（2）根据溢洪道水面线计算结果拟定挑坎形状及尺寸（溢洪道出口河底高程 347m，岩石坚硬，完整性较差）。计算挑距，验算是否满足稳定要求。

（3）根据案例已知条件判断溢流堰下游水流衔接形式，设计消力池。

二、工作目标

1. 知识目标

（1）掌握明渠均匀流正常水深含义。

（2）掌握明渠断面比能含义。

（3）掌握明渠均匀流临界水深含义。

（4）理解明渠水流流态判别原理。

（5）理解渠道水面线分段求和法原理。

（6）了解泄水建筑物下游各消能形式及适用条件。

（7）了解挑流消能相关原理。

（8）了解修建消力池原理。

2. 技能目标

（1）能进行明渠水流流态判别，分析不同水流流态特点。

（2）能判断明渠是否存在正常水深及计算正常水深。

（3）能计算明渠临界水深。

（4）能分析明渠 12 种水面线的特点及形成条件。

（5）掌握非棱柱体渠道水面线计算方法。

（6）掌握棱柱体渠道水面线计算方法。

（7）能进行挑流消能相关水力计算。

（8）能进行消力池相关水力计算。

（9）能借助线上资源、教材、水力计算手册，与小组合作完成实训任务。

（10）能利用 Excel 进行渠道水面线计算。

（11）能利用 Excel 编辑公式计算底流、挑流消能相关内容。

3. 素质目标

（1）能和同学积极有效地沟通实训中的问题，通过交流懂得互相学习的力量。

（2）通过学习 Excel 表格公式编辑计算，培养严谨认真的学习态度。

（3）能领会到科技进步提升了计算能力。

（4）能通过对实际水利枢纽的水力计算理解溢洪道的作用，培养学生专业认同感，理解水利对国家强盛及经济发展的重大作用，厚植爱国爱专业的情怀，增强伟大时代使命感及水利人责任担当意识。

三、任务分组

按照提表 2-1 填写任务分组名单。

提表 2-1　　　　　　　　　　学 生 任 务 分 组 表

班级		组号		指导老师	
组长		学号			
组员					
任务分工					

四、任务实施及指导

进入实训室后必须保持安静，不得谈笑喧哗。实训过程中，应认真按要求按步骤进行操作，注意多思考分析水力计算问题，多练习 Excel 编辑表格进行数据计算操作。

必须遵守实训室各项规章制度。实训中保持良好的科学作风，应认真编写计算表格，仔细填充原始数据，计算后，应进行必要的检查和补充，经教师同意后，方可离开实训室。完成实训后，应及时整理数据，认真编写实训报告。

实训中需要用 Excel 编辑表格进行数据计算，需组内成员合作完成，要对表格的编辑方法进行思考，使表格能正确计算实训数据。

任务一　明渠恒定非均匀流水面线分析与计算

1. 引导问题

（1）简述明渠均匀流流量的计算公式及公式中的各项含义。

（2）简述矩形断面渠道临界水深计算公式及公式中的各项含义。

（3）利用正常水深和临界水深如何判别急流、缓流及临界流？

（4）棱柱体明渠可能出现的水面线有多少种？有哪些共同的规律？

（5）如何判断渠道水面线计算方向？

（6）简述棱柱体渠道水面线分段求和法计算公式及公式中各项含义。

（7）已知棱柱体渠道的始端水深和渠道长度，简述水面线计算时末端水深的计算方法和步骤。

（8）溢洪道中的水流是明渠水流，我国有许多著名的渠道，请通过查阅资料简述我国古代或现代的著名渠道，包括修建时间、地点、作用等。

2. 工作实施

【步骤 1】分析溢洪道引渠段水面线。渐变段为非棱柱体渠道，按照非棱柱体渠道恒定非均匀渐变流水面线计算方法进行定量计算。

【参考成果 1】分析基本资料可知该枢纽水库中水流为缓流，进入平坡后水面线下降，因此引渠平坡段为 b_0 型降水曲线，水流为缓流，通过分析，渐变段水流为急流，水流从缓流过渡到急流发生水跌现象，水深从 $h>h_k$ 变化到 $h<h_k$，故存在 $h=h_k$ 的过水断面。$h=h_k$ 的过水断面发生在边界条件变化处，也就是平坡与渐变段衔接的 1—1 断面处（提图 2-2），即 1—1 断面水深为临界水深 h_k。从平坡段到渐变过渡段发生了水跌，渐变段总趋势为降水曲线。

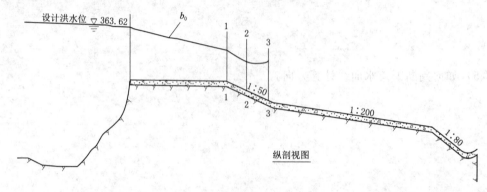

提图 2-2

（1）确定渐变段推算方向，按流程分段。

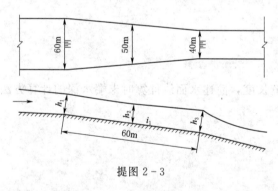

提图 2-3

引渠段到渐变段发生水跌现象，渐变段为急流，水面线从上游向下游分段推算。

如提图 2-3 所示，渐变段为非棱柱体渠道，需要按照流程分段，计算出断面尺寸。由于渐变段总长 60m，较短，可以分为两段，每段计算长度为 $\Delta s=30$m。

（2）计算 1—1 断面的水力要素。

由基本资料可知 1—1 断面为矩形，同时根据参考成果 1 分析 1—1 断面水深为临界水深，因此

$$h_1=h_k=\sqrt[3]{\frac{\alpha q^2}{g}}=\sqrt[3]{\frac{\alpha\left(\dfrac{Q}{B}\right)^2}{g}}=2.12\,(\text{m})$$

1—1 断面水力要素（$h_1=2.12$m）如下：

过水断面面积 $\qquad A_1=b_1 h_1=60\times 2.12=127.20\,(\text{m}^2)$

断面平均流速 $\qquad v_1=\dfrac{Q}{A_1}=\dfrac{540}{127.20}=4.25\,(\text{m/s})$

流速水头 $\qquad \dfrac{v_1^2}{2g}=\dfrac{4.25^2}{2\times 9.8}=0.92(\text{m})$

断面比能 $\qquad E_{s1}=h_1+\dfrac{v_1^2}{2g}=2.12+0.92=3.04(\text{m})$

湿周 $\qquad \chi_1=b_1+2h_1=60+2\times 2.12=64.24(\text{m})$

水力半径 $\qquad R_1=\dfrac{A_1}{\chi_1}=\dfrac{127.20}{64.24}=1.98(\text{m})$

谢才系数 $\qquad C_1=\dfrac{1}{n}R_1^{\frac{1}{6}}=\dfrac{1}{0.014}\times 1.98^{\frac{1}{6}}=80.04$

（3）试算 2—2 断面水力要素。

根据几何关系，可以计算出渐变段中间断面 2—2 的底宽 $b_2=50\text{m}$，利用试算法计算 2—2 断面水力要素。渐变段水面线总趋势为降水曲线，因此 2—2 断面水深 $h_2<h_1$，设 $h_2=2.0\text{m}$。

则 2—2 断面水力要素（$h_2=2.0\text{m}$）如下：

过水断面面积 $\qquad A_2=b_2h_2=50\times 2.0=100\ (\text{m}^2)$

断面平均流速 $\qquad v_2=\dfrac{Q}{A_2}=\dfrac{540}{100}=5.4(\text{m/s})$

流速水头 $\qquad \dfrac{v_2^2}{2g}=\dfrac{5.4^2}{2\times 9.8}=1.49(\text{m})$

断面比能 $\qquad E_{s2}=h_2+\dfrac{v_2^2}{2g}=2.0+1.49=3.49(\text{m})$

湿周 $\qquad \chi_2=b_2+2h_2=50+2\times 2.0=54(\text{m})$

水力半径 $\qquad R_2=\dfrac{A_2}{\chi_2}=\dfrac{100}{54}=1.85(\text{m})$

谢才系数 $\qquad C_2=\dfrac{1}{n}R_2^{\frac{1}{6}}=\dfrac{1}{0.014}\times 1.85^{\frac{1}{6}}=79.15$

（4）计算 1—1 断面和 2—2 断面间流程长度 Δs_{1-2}。

利用公式 $\Delta s=\dfrac{\Delta E_s}{i-\overline{J}_f}=\dfrac{E_{sd}-E_{su}}{i-\overline{J}_f}$ 计算 Δs_{1-2}。

两断面流速平均值 $\qquad \overline{v}=\dfrac{v_1+v_2}{2}=\dfrac{4.25+5.4}{2}=4.82(\text{m/s})$

两断面水力半径平均值 $\qquad \overline{R}=\dfrac{R_1+R_2}{2}=\dfrac{1.98+1.85}{2}=1.92(\text{m})$

两断面谢才系数平均值 $\qquad \overline{C}=\dfrac{C_1+C_2}{2}=\dfrac{80.04+79.15}{2}=79.60$

流段的平均水力坡度 $\qquad \overline{J}_f=\dfrac{\overline{v}^2}{\overline{C}^2\overline{R}}=\dfrac{4.82^2}{79.60^2\times 19.2}=0.00192$

1—1 断面和 2—2 断面间流程为

$$\Delta s_{1-2} = \frac{\Delta E_s}{i - J_f} = \frac{E_{s2} - E_{s1}}{i - J_f} = \frac{3.49 - 3.04}{0.02 - 0.00192} = 24.79 (\text{m})$$

因 $\Delta s_{1-2} \neq 30 \text{m}$（已知流段长度），重设 h_2 直到计算出的 $\Delta s_{1-2} = 30 \text{m}$ 为止，通过 Excel 单变量求解可得出 $h_2 = 1.866 \text{m}$。

（5）计算 2—2 断面和 3—3 断面间流程长度 Δs_{2-3}。

用同样方法计算 2—2 断面和 3—3 断面间流程长度 Δs_{2-3}，设 3—3 断面水深 $h_3 < h_2$，直到计算出的 $\Delta s_{2-3} = 30 \text{m}$ 为止，也可通过 Excel 单变量求解得出 h_3。渐变段水面线具体计算过程及结果见提表 2-2。

在提表 2-2 中使用 Excel 可以快速计算水面线，计算步骤为：

1）计算填充 1—1 断面水力要素 m_1、b_1、A_1、…，填充到单元格 D4：K4。

2）假设 2—2 断面水深，选中 F4：K4，向下拖动填充 D5：K5，可以得到 2—2 断面水力要素。

3）计算两断面间的 ΔE_s，平均水力要素 $\overline{v}$、$\overline{R}$、$\overline{C}$、$\overline{J}_f$ 和 Δs，填充到单元格 L5：Q5。

4）以 Q5 为目标单元格，流段长度 30 为目标值，B5 为可变单元格进行单变量求解，可得到 2—2 断面水深 h_2。

5）重复上述步骤可得到 3—3 断面水深。

主要计算公式见提表 2-3。

提表 2-2　　　　　　　　　　**渐变段水面线 Excel 计算表**

	A	B	C	D	E	F	G	H	I	J	K	L	M	N	O	P	Q
1		$Q=$	540	$n=$	0.014	$i=$	0.02										
2	断面	h	b	m	A	v	$v^2/2g$	E_s	x	R	C	ΔE_s	v_p	C_p	R_p	$\overline{J}_f$	Δs
3		m	m		m^2	m/s	m	m	m	m	m		m/s		m		m
4	1—1	2.12	60.00	0.00	127.20	4.25	0.92	3.04	64.24	1.98	80.04						
5	2—2	1.87	50.00	0.00	93.32	5.79	1.71	3.57	53.73	1.74	78.31	0.54	5.02	79.18	1.86	0.0022	30.00
6	3—3	2.25	40.00	0.00	90.01	6.00	1.84	4.09	44.50	2.02	80.33	0.51	5.89	79.32	1.88	0.0029	30.00

提表 2-3　　　　　　　　　**非棱柱体渠道水面线 Excel 计算主要公式**

序号	计算参数	单元格	Excel 公式	水力计算公式
1	A	E4	$=(C4+D4*B4)*B4$	$(b+mh)h$
2	v	F4	$=\$C\$1/E4$	$\dfrac{Q}{A}$
3	E_s	H4	$=B4+G4$	$h + \dfrac{\alpha v^2}{2g}$
4	χ	I4	$=C4+2*B4*SQRT(1+D4*D4)$	$b + 2h\sqrt{1+m^2}$
5	R	J4	$=E4/I4$	$\dfrac{A}{\chi}$
6	C	K4	$=1/\$E\$1*J4^{(1/6)}$	$\dfrac{1}{n}R^{\frac{1}{6}}$
7	ΔE_s	L5	$=H5-H4$	$E_{s2} - E_{s1}$

序号	计算参数	单元格	Excel 公式	水力计算公式
8	$\overline{J_f}$	P5	=M5*M5/(N5*N5*O5)	$\dfrac{\overline{v}^2}{\overline{C}^2\overline{R}}$
9	Δs	Q5	=L5/(G1-P5)	$\dfrac{\Delta E_s}{i-\overline{J_f}}$

【步骤 2】　第一陡槽段为棱柱体渠道，按照棱柱体渠道恒定非均匀渐变流水面线计算方法进行第一陡槽段水面线定量计算。

【参考成果 2】

由于第一陡槽段为棱柱体渠道，因此先判断水面线类型，再进行水面线计算。首先计算渠道的正常水深和临界水深。

（1）正常水深 h_0 计算。

求解正常水深 h_0，需要利用明渠均匀流公式 $Q=AC\sqrt{Ri}$ 试算求得。由基本资料可知第一陡槽段为矩形横断面，$Q=540\text{m}^3/\text{s}$，$i=0.005$，$n=0.014$，底宽 $b=40\text{m}$。

先假设 $h_0=1.0\text{m}$，则对应的水力要素如下：

过水断面面积　　　　　　$A=bh_0=40\times1.0=40\ (\text{m}^2)$

湿周　　　　　　　　　　$\chi=b+2h_0=40+2\times1.0=42\ (\text{m})$

水力半径　　　　　　　　$R=\dfrac{A}{\chi}=\dfrac{40}{42}=0.95\ (\text{m})$

谢才系数　　　　　　　　$C=\dfrac{1}{n}R^{\frac{1}{6}}=\dfrac{1}{0.014}\times0.95^{\frac{1}{6}}=70.82$

明渠均匀流流量　　　　　$Q=AC\sqrt{Ri}=195.6\ (\text{m}^3/\text{s})$

计算出的流量与基本资料中的流量不一致，需要重设 h_0 继续进行试算，直至计算出的流量与已知流量相等为止。通过 Excel 单变量求解可得出 $h_0=1.869\text{m}$，其计算结果见提表 2-4。

提表 2-4　　　　　　　　　　　　**第一陡槽段正常水深计算表**

	A	B	C	D	E	F
1	$Q=$	540	$b=$	40	$i=$	0.005
2	$m=$	0	$n=$	0.014		
3	h	A	χ	R	C	Q
4	1.869	74.78	43.74	1.71	78.11	540

使用 Excel 的单变量求解功能来计算正常水深 h_0 的步骤为：

1）将水力要素 Q、b、i 等填充到单元格 A1：F2 中。

2）假设初始水深 h，分别计算对应的 A、χ、R、C 填充计算到单元格 B4：E4。

3）根据假设水深计算相应的流量 Q，填充计算到单元格 F4。

4）以 F4 单元格为目标单元格，流量 540 为目标值，A4 为可变单元格进行单变量求解，可以得出正常水深 $h_0=1.869\text{m}$。

主要 Excel 计算公式见提表 2-5。

提表 2-5　　　　　　　　　正常水深 Excel 计算表主要公式

序号	水力参数	单元格	Excel 计算公式	水力计算公式
1	A	B4	＝（D1＋B2＊A4）＊A4	$(b+mh)h$
2	χ	C4	＝D1＋2＊A4＊SQRT（1＋B2＊B2）	$b+2h\sqrt{1+m^2}$
3	R	D4	＝B4/C4	$\dfrac{A}{\chi}$
4	C	E4	＝1/D2＊D4^（1/6）	$\dfrac{1}{n}R^{\frac{1}{6}}$
5	Q	F4	＝B4＊E4＊SQRT（D4＊F1）	$AC\sqrt{Ri}$

（2）临界水深 h_k 计算。

求解临界水深需要试算。通过假设 h_k 值，利用 $\dfrac{\alpha Q^2}{g}=\dfrac{A_k{}^3}{B_k}$ 可以求解临界水深。

由于 $Q^2/g=540^2/9.8=29755.1$，初设临界水深 $h_k=1\text{m}$，则

$$A_k=h_k(b+mh_k)=1\times(40+0\times1)=40(\text{m}^2)$$
$$B_k=b+2mh_k=40+2\times0\times1=40(\text{m})$$
$$A_k{}^3/B_k=40^3/40=1600$$

计算结果不等于 Q^2/g。重新假设 h_k，直至假设的 h_k 计算的 $A_k{}^3/B_k$ 与 Q^2/g 的值接近。也可通过 Excel 单变量求解得出 $h_k=2.65\text{m}$，计算结果见提表 2-6。

提表 2-6　　　　　　　　　　临 界 水 深 计 算 表

	A	B	C	D
1	$Q=$	540	$b=$	40
2	$m=$	0	$Q^2/g=$	29755.1
3	h_k	A_k	B_k	$A_k{}^3/B_k$
4	2.649	105.98	40	29755.1

使用 Excel 单变量求解计算临界水深 h_k 的步骤为：

1）将水力要素 Q、b 等填充到单元格 A1：D2。

2）假设临界水深 h_{k1} 并填充到单元格 A4。

3）分别计算 A_k、B_k、$A_k{}^3/B_k$，计算填充到单元格 B4：D4。

4）以 D4 为目标单元格，以 $Q^2/2g$ 的值 29755.1 为目标值，A4 为可变单元格进行单变量求解，可以得出临界水深 $h_k=2.649\text{m}$。

主要 Excel 计算公式见提表 2-7。

提表 2-7　　　　　　　　临界水深 Excel 计算表主要公式

序号	计算参数	单元格	Excel 公式	水力计算公式
1	A_k	B4	＝A4＊（D1＋B2＊A4）	$h_k(b+mh_k)$
2	B_k	C4	＝D1＋2＊B2＊A4	$b+2mh_k$
3	$A_k{}^3/B_k$	D4	＝B4^3/C4	$A_k{}^3/B_k$

对于矩形断面渠道，由于渠道底宽和水面宽度相等，因此 $A_k = B_k h_k$，总流量 $Q = B_k q$，也可以直接用 $h_k = \sqrt[3]{\dfrac{\alpha q^2}{g}}$ 求解临界水深。

第一陡槽段为矩形横断面，利用矩形断面临界水深计算公式求解：

$$h_k = \sqrt[3]{\frac{\alpha q^2}{g}} = \sqrt[3]{\frac{\alpha \left(\dfrac{Q}{B}\right)^2}{g}} = 2.649(\text{m})$$

（3）判断水面线类型。

根据计算可得第一陡槽段正常水深 $h_0 = 1.869\text{m}$，临界水深 $h_k = 2.649\text{m}$。因 $h_0 < h_k$，故第一陡槽段底坡为陡坡，且该段起始断面水深为渐变段末端水深，根据参考成果 1 计算 $h_3 = 2.25\text{m}$，因 $h_0 < h_3 < h_k$，故第一陡槽段为 b_2 型降水曲线。

（4）确定推算方向，按水深分段。

因第一陡槽段为急流，水面线从上游分段向下游推算。因为第一陡槽段为棱柱体渠道，故按水深分段（提图 2-4），分为 3—3 断面、4—4 断面、5—5 断面、……，已知 $h_3 = 2.25\text{m}$，因为第一陡槽段为降水曲线，设 $h_4 = 2.1\text{m}$，$h_5 = 1.9\text{m}$，边计算边求和，直到所有流段之和等于第一陡槽段长度 596m 为止。

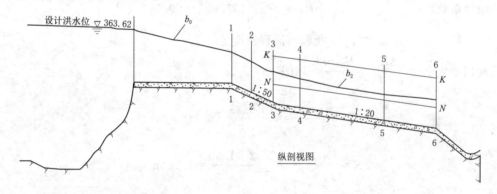

提图 2-4

（5）计算 3—3 断面水力要素。

由前面计算得 $h_3 = 2.25\text{m}$，根据水深计算 3—3 断面水力要素（$h_3 = 2.25\text{m}$）如下：

过水断面面积 $\qquad A_3 = b_3 h_3 = 40 \times 2.25 = 90(\text{m}^2)$

断面平均流速 $\qquad v_3 = \dfrac{Q}{A_3} = \dfrac{540}{90} = 6(\text{m/s})$

流速水头 $\qquad \dfrac{v_3^2}{2g} = \dfrac{6^2}{2 \times 9.8} = 1.84(\text{m})$

断面比能 $\qquad E_{s3} = h_3 + \dfrac{v_3^2}{2g} = 2.25 + 1.84 = 4.09(\text{m})$

湿周 $\qquad \chi_3 = b_3 + 2h_3 = 40 + 2 \times 2.25 = 44.5(\text{m})$

水力半径 $\qquad R_3 = \dfrac{A_3}{\chi_3} = \dfrac{90}{44.5} = 2.02(\text{m})$

谢才系数 $\qquad C_3 = \frac{1}{n}R^{\frac{1}{6}} = \frac{1}{0.014} \times 2.02^{\frac{1}{6}} = 80.33$

（6）计算 4—4 断面水力要素。

因第一陡槽段为降水曲线，因此 4—4 断面水深 $h_4 < h_3$，设 $h_4 = 2.1$m。

则 4—4 水力要素（$h_4 = 2.1$m）如下：

过水断面面积 $\qquad A_4 = b_4 h_4 = 40 \times 2.1 = 84 \ (\text{m}^2)$

断面平均流速 $\qquad v_4 = \frac{Q}{A_4} = \frac{540}{84} = 6.43 (\text{m/s})$

流速水头 $\qquad \frac{v_4^2}{2g} = \frac{6.43^2}{2 \times 9.8} = 2.11 (\text{m})$

断面比能 $\qquad E_{s4} = h_4 + \frac{v_4^2}{2g} = 2.1 + 2.11 = 4.21 (\text{m})$

湿周 $\qquad \chi_4 = b_4 + 2h_4 = 40 + 2 \times 2.1 = 44.2 (\text{m})$

水力半径 $\qquad R_4 = \frac{A_4}{\chi_4} = \frac{84}{44.2} = 1.90 (\text{m})$

谢才系数 $\qquad C_4 = \frac{1}{n}R^{\frac{1}{6}} = \frac{1}{0.014} \times 1.90^{\frac{1}{6}} = 79.50$

（7）计算 3—3 断面和 4—4 断面间流程长度 Δs_{3-4}。

利用公式 $\Delta s = \frac{\Delta E_s}{i - J_f} = \frac{E_{sd} - E_{su}}{i - J_f}$ 计算 Δs_{3-4}。

$$\overline{v} = \frac{v_3 + v_4}{2} = \frac{6 + 6.43}{2} = 6.21 (\text{m/s})$$

$$\overline{R} = \frac{R_3 + R_4}{2} = \frac{2.02 + 1.90}{2} = 1.96 (\text{m})$$

$$\overline{C} = \frac{C_3 + C_4}{2} = \frac{80.33 + 79.50}{2} = 79.91$$

$$\overline{J_f} = \frac{\overline{v}^2}{\overline{C}^2 \overline{R}} = \frac{6.21^2}{79.91^2 \times 1.96} = 0.00308$$

3—3 断面和 4—4 断面间流程长度为

$$\Delta s_{3-4} = \frac{\Delta E_s}{i - J_f} = \frac{E_{s4} - E_{s3}}{i - J_f} = \frac{4.21 - 4.09}{0.005 - 0.00308} = 63.50 (\text{m})$$

（8）计算断面 4—4 和 5—5 间流程长度、断面 5—5 和 6—6 间流程长度。

用同样方法计算断面 4—4 和 5—5 间流程长度、断面 5—5 和 6—6 间流程长度，当设 $h_6 > h_0 = 1.87$ 时，第一陡槽段计算流段总和为 750.6m，超过基本资料中该段渠道总长 596m，通过 Excel 单变量求解使渠道总长等于 596m，可得出 $h_6 = 1.88$m。

使用 Excel 软件快速计算水面线的计算步骤如下：

1）首先计算 3—3 断面水力要素 A、v、$\cdots$，分别填充在单元格 C4：I4。

2）假设 4—4 断面水深，选中单元格 C5：I5，拖动填充单元格 C5：I5，得到 4—4 断面水力要素。

3）然后计算两断面间的水力要素平均值 $\overline{v}$、$\overline{R}$、$\overline{C}$、$\overline{J_f}$，分别填充到单元格 J5：N5。

4）计算两断面间的流程 Δs 和流程和 s，填充到单元格 O5：P5。

5）假设并填充其他各断面水深，填充到 B 列。

6）选中第 5 行的 C 列到 P 列，向下拖动填充其他 C 列到 P 列，就可快速计算出各断面间流程长和总流程长。

主要 Excel 计算公式见提表 2-8。第一陡槽段水面线具体计算过程及结果见提表 2-9。

提表 2-8　　　　　　　棱柱体渠道水面线 Excel 计算表主要公式

序号	计算参数	单元格	Excel 公式	水力计算公式
1	ΔE_s	J5	= F5 - F4	$E_{s1} - E_{s2}$
2	$\overline{J_f}$	O5	= K5 * K5/(M5 * M5 * L5)	$\dfrac{\overline{v}^2}{\overline{C}^2 \overline{R}}$
3	Δs	P5	= J5/(\$ K \$ 1 - N5)	$\dfrac{\Delta E_s}{i - \overline{J_f}}$
4	$\sum s$	Q5	= O5 + P4	

渠道末端水深用单变量求解得到，单变量求解的目标单元格为 P7，目标值为 596，可变单元格为 B7，单变量求解得末端水深 $h_6 = 1.88m$。

【步骤 3】 第二陡槽段为棱柱体渠道，按照棱柱体渠道恒定非均匀渐变流水面线计算方法进行第二陡槽段水面线的定量计算。

【参考成果 3】

（1）分析判断水面线类型。

由于第二陡槽段为棱柱体渠道，因此判断水面线类型需要计算渠道的正常水深和临界水深。

利用参考成果 2 的正常水深计算方法可以计算出第二陡槽段正常水深 $h_0 = 0.696m$，因第二陡槽段与第一陡槽段断面形状尺寸均相同，因此临界水深不变 $h_k = 2.649m$。因 $h_0 < h_k$，故第二陡槽段底坡为陡坡，且该段起始断面水深为第一陡槽段末端水深，根据参考成果 2 计算 $h_6 = 1.88m$，因 $h_0 < h_6 < h_k$，故为第二陡槽段为 b_2 型降水曲线。

（2）确定推算方向，按水深分段。

因第二陡槽段为急流，水面线从上游分段向下游推算。因为第二陡槽段为棱柱体渠道，故按水深分段（提图 2-5），分为 6—6 断面、7—7 断面、……，已知 $h_6 = 1.88m$，因为降水曲线曲率较大，设 $h_7 = 1.68m$，$h_8 = 1.48m$，边计算边求和，直到所有流程之和等于第二陡槽段长度 40m 为止。

（3）分段推算水面线。

与第一陡槽段同样的方法步骤计算各段面之间的流程长度。当设 $h_{10} > h_0 = 1.08m$ 时，第二陡槽段计算流段总和为 41.8m，超过基本资料中该段渠道总为 40m，通过 Excel 单变量求解可得出 $h_{10} = 1.09m$ 时，该渠道总长等于 40m。

第二陡槽段水面线具体计算过程及结果见提表 2-10。

提表 2-9

第一陡槽段水面线 Excel 计算表

	A	B	C	D	E	F	G	H	I	J	K	L	M	N	O	P
1		Q=	540	b=	40	m=	0	n=	0.014	i=	0.005	$h_0=$	1.869	$h_k=$	2.649	s
2	断面	h	A	v	$v^2/2g$	E_s	χ	R	C	ΔE_s	v_p	C_p	R_p	$\overline{J}_f$	Δs	s
3		m	m²	m/s	m	m	m	m		m	m/s		m		m	m
4	3—3	2.25	90.00	6.000	1.8367	4.087	44.500	2.022	80.325							
5	4—4	2.10	84.00	6.429	2.1085	4.208	44.200	1.900	79.497	0.122	6.214	79.911	1.961	0.0030831	63.5	63.5
6	5—5	1.90	76.00	7.105	2.5758	4.476	43.800	1.735	78.300	0.267	6.767	78.898	1.818	0.0040467	280.3	343.9
7	6—6	1.88	75.08	7.192	2.6392	4.516	43.754	1.716	78.155	0.040	7.149	78.228	1.726	0.0048396	252.1	596.0

提表 2-10

第二陡槽段水面线 Excel 计算表

	A	B	C	D	E	F	G	H	I	J	K	L	M	N	O	P
1		Q=	540	b=	40	m=	0	n=	0.014	i=	0.125	$h_0=$	0.696	$h_k=$	2.649	s
2	断面	h	A	v	$v^2/2g$	E_s	χ	R	C	ΔE_s	v_p	C_p	R_p	$\overline{J}_f$	Δs	s
3	6—6	1.88	75.20	7.181	2.6308	4.511	43.760	1.718	78.174							
4	7—7	1.68	67.20	8.036	3.2945	4.975	43.360	1.550	76.840	0.464	7.608	77.507	1.634	0.0058966	3.9	3.9
5	8—8	1.48	59.20	9.122	4.2451	5.725	42.960	1.378	75.350	0.751	8.579	76.095	1.464	0.0086819	6.5	10.3
6	9—9	1.28	51.20	10.547	5.6753	6.955	42.560	1.203	73.663	1.230	9.834	74.506	1.291	0.0134999	11.0	21.4
7	10—10	1.09	43.74	12.347	7.7780	8.871	42.187	1.037	71.859	1.916	11.447	72.761	1.120	0.0221013	18.6	40.0

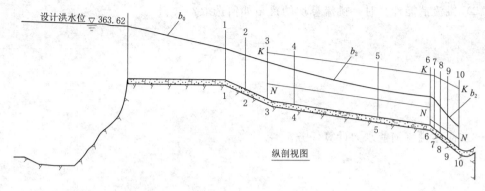

纵剖视图

提图 2-5

【步骤 4】定量绘制溢洪道水面线。

【参考成果 4】根据提表 2-3、提表 2-9、提表 2-10 计算结果，各渠段以渠底线为横坐标，水深方向为纵坐标，定量绘制溢洪道水面线，见提图 2-6。绘图时因第一陡槽段较长，采用折断线没有全绘出，纵横坐标比例选取不一样。

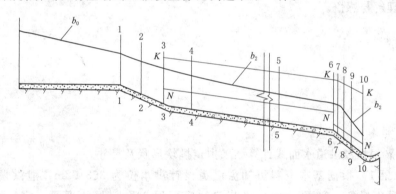

提图 2-6

任务二　挑流式衔接与消能水力分析与计算

1. 引导问题

（1）简述挑流鼻坎各种形式的特点。

（2）挑流消能计算时，挑流鼻坎的挑角如何选取？

（3）简述挑流消能水力计算任务。

（4）金沙江白鹤滩水电站是世界第二大水电站、综合技术难度最高的大型水电工程，三条泄洪洞进口为有压进水口，出口采用挑流消能形式，通过查阅资料谈谈你对白鹤滩水电站建设的理解与感悟。

2. 工作实施

【步骤1】根据溢洪道水面线计算结果拟定挑坎形状及尺寸。

【参考成果1】根据基本资料可知溢洪道设计洪水位为363.62m，泄洪量540m³/s，溢洪道为混凝土衬砌，宽度$b=40$m，出口河底高程347m，岩石坚硬，完整性较差。下泄设计洪水时，挑坎下游尾水渠水位350.64m，下游河底高程347.2m。

（1）挑坎形式选取。

常用的挑流鼻坎形式有：连续式鼻坎、差动式鼻坎、扭曲鼻坎、斜切鼻坎、扩散式鼻坎和窄缝式鼻坎等，根据基本资料可以设计选取连续式鼻坎。

（2）挑坎尺寸确定。

挑流鼻坎适宜的挑角为15°～35°，选取$\theta=30°$进行计算。

挑坎下游尾水渠水位350.64m，挑坎高程应高于下游水位，设计挑坎高程355m进行计算。

反弧半径$R=(4\sim10)h$，根据参考成果3可知$h=1.082$m，故反弧半径选取$R=7\times1.082=7.574$（m）。

【步骤2】根据步骤1拟定的挑坎形状及尺寸，计算挑距及冲刷坑深度，验算是否满足稳定要求。

【参考成果2】

（1）相关参数计算。

下游坎高 $\qquad a=355-347=8(\text{m})$

下游水深 $\qquad h_t=350.64-347=3.64(\text{m})$

上游水面至挑坎顶部的高差 $\qquad s_1=363.62-355=8.62(\text{m})$

上下游水位差 $\qquad z=363.62-350.64=12.98(\text{m})$

（2）计算空中挑距。

单宽流量 $\qquad q=\dfrac{Q}{B}=\dfrac{540}{40}=13.5\ [\text{m}^3/(\text{s}\cdot\text{m})]$

流能比 $\qquad K_E=\dfrac{q}{\sqrt{g}\,s_1^{1.5}}=\dfrac{13.5}{\sqrt{9.8}\times8.62^{1.5}}=0.17$

流速系数 $\qquad \varphi=\sqrt[3]{1-\dfrac{0.055}{K_E^{0.5}}}=\sqrt[3]{1-\dfrac{0.055}{0.17^{0.5}}}=0.953$

空中挑距

$$L_0=\varphi^2 s_1\sin2\theta\left(1+\sqrt{1+\dfrac{a-h_t}{\varphi^2 s_1\,\sin^2\theta}}\right)$$

$$=0.953^2\times8.62\times\sin(2\times30°)\times\left(1+\sqrt{1+\dfrac{8-3.64}{0.953^2\times8.62\times\sin^2 30°}}\right)$$

$$=18.97(\text{m})$$

（3）估算冲刷坑深度 t_s。

因岩石坚硬完整性较差，选 $k=1.25$

则冲刷坑深度 $\qquad t_s=kq^{0.5}z^{0.25}-h_t=1.25\times13.5^{0.5}\times12.98^{0.25}-3.64=5.08(\text{m})$

（4）计算水下挑距。

$$\tan\beta=\sqrt{\tan^2\theta+\dfrac{a-h_t}{\varphi^2 s_1\cos^2\theta}}=\sqrt{\tan^2 30°+\dfrac{8-3.64}{0.953^2\times8.62\times\cos^2 30°}}=1.037$$

$$L_1=\dfrac{t_s+h_t}{\tan\beta}=\dfrac{5.08+3.64}{1.037}=8.41(\text{m})$$

总挑距： $\qquad L=L_0+L_1=18.97+8.41=27.38(\text{m})$

（5）校核冲刷坑对坝身的影响。

$$i=\dfrac{t_s}{L}=\dfrac{5.08}{27.38}=0.185<0.2\sim0.4$$

因此冲刷坑不会危及坝身安全，挑坎形式、尺寸及高程拟定设计合理。

任务三　底流式衔接与消能水力分析与计算

1. 引导问题：

（1）简述泄水建筑物下游三种水跃衔接形式的特点。

（2）简述收缩断面水深的计算公式及公式中的各项含义。

（3）挖深式消力池水力计算中，如何计算池深和池长？

（4）向家坝水电站是金沙江上四大水电中的最后一级，其下游采取了底流式衔接消能，通过查阅资料谈谈你对向家坝水电站建设的理解与感悟。

2. 工作实施

设有折线形溢流堰如提图 2-7 所示，当下泄单宽流量 $q = 6.0 \mathrm{m^3/(s \cdot m)}$ 时，下游矩形断面河槽的水深 $h_t = 2.7 \mathrm{m}$，试计算坝下收缩断面水深 h_c，判断溢流坝下游水跃形式，试设计挖深式消力池，计算池深 d 和池长 L_k。

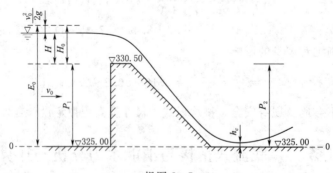

提图 2-7

【步骤1】 计算溢流坝下收缩断面水深 h_c，并分析水流的衔接形式。

【参考成果1】

（1）计算溢流坝下收缩断面水深 h_c。

由提图 2-7 可知 $E_0 = P_2 + H_0$，H_0 为堰前总水头，H_0 可由堰流公式确定：$q = m\sqrt{2g}\,H_0^{\frac{3}{2}}$。

溢流堰为折线形实用堰，取 $m = 0.46$，则

$$H_0 = \left(\frac{q}{m\sqrt{2g}}\right)^{\frac{2}{3}} = \left(\frac{6.0}{0.46 \times \sqrt{2 \times 9.8}}\right)^{\frac{2}{3}} = 2.06\,(\text{m})$$

$$E_0 = 330.50 - 325.00 + 2.06 = 7.56\,(\text{m})$$

流速系数 φ 取 0.90，将 q、φ、E_0 等值代入公式，用迭代逼近法计算 h_c。

$$h_{ci+1} = \frac{q}{\varphi\sqrt{2g(E_0 - h_{ci})}} = \frac{6.0}{0.90 \times \sqrt{2 \times 9.8 \times (7.56 - h_{ci})}}$$

假设 $h_{c1} = 1.0\text{m}$，则由上式得 h_{ci} 为

$$h_{c2} = \frac{6.0}{0.90 \times \sqrt{2 \times 9.8 \times (7.56 - 1.00)}} = 0.5879\,(\text{m})，$$

同理得 $h_{c3} = 0.5703\text{m}$，$h_{c4} = 0.5696\text{m}$，$h_{c5} = 0.5695\text{m}$。

可以看出 h_{c5} 与 h_{c4} 十分接近，可以确定 $h_c = 0.57\text{m}$。

计算过程见提表 2-11。

提表 2-11　　　　　　　　　　收缩断面水深计算表

	A	B	C	D	E	F
1	$q=$	6.0	$E_0=$	7.56	$\varphi=$	0.9
2	h_{c1}	h_{c2}	h_{c3}	h_{c4}	h_{c5}	h_{c6}
3	1.00	0.5879	0.5703	0.5696	0.5695	0.5695

可以使用 Excel 快速完成迭代过程：

假设初设水深 $h_{c_1} = 1.0\text{m}$，填充到 A3 单元格；B3 单元格 Excel 公式为：＝＄B＄1/（＄F＄1＊SQRT（2＊9.8＊（＄D＄1－A3）））；选中 B3 单元格，向右拖动填充 C3：F3 单元格完成迭代计算，计算结果 $h_c = 0.5695\text{m} \approx 0.57\text{m}$。

（2）判断溢流坝下游水跃形式。

单宽流量 $q = 6.0\text{m}^3/(\text{s·m})$ 时的临界水深为

$$h_k = \sqrt[3]{\frac{\alpha q^2}{g}} = \sqrt[3]{\frac{6.0^2}{9.8}} = 1.54\,(\text{m})$$

由于 $h_c < h_k < h_t$，所以必然产生水跃，泄水建筑物收缩断面处为急流，下游渠道水流为缓流，则在下游渠道产生远驱式水跃。

h_c 相应的共轭水深 h_c'' 为

$$h_c'' = \frac{h_c}{2}\left(\sqrt{1 + \frac{8q^2}{gh_c^3}} - 1\right) = \frac{0.570}{2} \times \left(\sqrt{1 + 8 \times \frac{6.0^2}{9.8 \times 0.570^3}} - 1\right) = 3.32\,(\text{m}) > h_t = 2.70\,(\text{m})$$

由于 $h''_c > h_t$，则在建筑物下游渠道产生远驱式水跃，必须通过工程措施加以控制。

【步骤2】设计挖深式消力池，计算池深 d 和池长 L_k。

【参考成果2】

（1）计算挖深式消力池池深 d。

泄水建筑物下游收缩断面水深 $h_c = 0.57\text{m}$，相应的跃后水深 $h''_c = 3.32\text{m}$。

下游渠道水深 $h_t = 2.7\text{m}$，则下游渠道流速为

$$v_t = q/h_t = 6.0/2.7 = 2.22(\text{m/s}) < 3(\text{m/s})$$

假设 $d = 1.05h''_c - h_t = 1.05 \times 3.32 - 2.70 = 0.79(\text{m})$

$$E'_0 = E_0 + d = 7.56 + 0.79 = 8.35(\text{m})$$

迭代计算 h_c，初始值 $h_{c1} = 1.0\text{m}$，$h_{c2} = 0.555\text{m}$，$h_{c3} = 0.539\text{m}$，$h_{c4} = 0.539\text{m}$，则 $h_c = 0.539\text{m}$。

计算收缩断面共轭水深 h''_c 为

$$h''_c = \frac{h'_c}{2}\left(\sqrt{1 + \frac{8q^2}{gh'^3_c}} - 1\right) = \frac{0.539}{2} \times \left(\sqrt{1 + 8 \times \frac{6.0^2}{9.8 \times 0.539^3}} - 1\right) = 3.433(\text{m})$$

计算 Δz 为

$$\Delta z = \frac{q^2}{2g\varphi'^2 h_t^2} - \frac{q^2}{2g(\sigma_j h''_c)^2} = \frac{6.0^2}{2 \times 9.8 \times 0.95^2 \times 2.70^2} - \frac{6.0^2}{2 \times 9.8 \times (1.05 \times 3.433)^2} = 0.138(\text{m})$$

计算 h_T 为

$$h_T = h_t + d + \Delta z = 2.7 + 0.79 + 0.138 = 3.628(\text{m})$$

$$\sigma_j = \frac{h_T}{h''_c} = \frac{3.628}{3.433} = 1.057$$

由于 σ_j 为 $1.05 \sim 1.10$，可以确定消力池池深 $d = 0.79\text{m}$。

（2）分析计算池长 L_k。

对应的消力池池长 $L_k = (0.7 \sim 0.8) \times 6.9 \times (h''_c - h_c) = 0.75 \times 6.9 \times (3.436 - 0.538) = 15.00(\text{m})$

计算求得当 $\sigma_j = 1.06$ 时，消力池池深 $d = 0.80\text{m}$。相应的池长 $L_k = 15.00\text{m}$。

挖深式消力池具体计算过程见提表 2-12。

提表 2-12　　　　　　　挖深式消力池计算表

	A	B	C	D	E	F	G	H
1	$q=$	6.0	$E_0=$	7.56	$\varphi=$	0.90	$h_t=$	2.70
2	h_{c1}	h_{c2}	h_{c3}	h_{c4}	h_{c5}	h_{c6}	h''_c	v_t
3	1.00	0.5879	0.5703	0.5696	0.5695	0.5695	3.3181	2.22
4	$h_k=$	1.54	上游急流	下游缓流	远驱水跃	需建消力池	估算池深 $d=$	0.79
5	目标 $\sigma_j=$	d	E'_0	h_c	h''_c	Δz	h_T	σ_j
6	1.05	0.79	8.35	1	3.433	0.141	3.631	1.051

	A	B	C	D	E	F	G	H
7				0.5554				
8				0.5394				
9				0.5388				
10				0.5388				
11				0.5388				

可以使用 Excel 快速、准确完成消力池计算，具体步骤为：

将基本水力要素 q、E_0 等填充到单元格 A1：H1；

迭代计算收缩断面水深 h_c；

假设消力池水跃淹没度 σ_j，假设消力池池深 d，计算 E_0' 填充到单元格 C6；

重新迭代计算 E_0' 对应的收缩断面水深 h_c；

以此计算 h_c''、Δz、h_T、σ_j 分别填充到单元格 E6：H6。

如果 σ_j 在 $1.05\sim1.06$ 之间，则符合要求，否则可以使用试算或单变量计算确定消力池池深 d。

主要 Excel 计算公式见提表 2-13。

提表 2-13　挖深式消力池 Excel 主要公式

序号		计算参数	单元格	Excel 公式	水力计算公式
1	判断是否需建消力池	迭代计算 h_c	B3	=\$B\$1/(\$F\$1*SQRT(2*9.8*(\$D\$1−A3)))	$\dfrac{q}{\varphi\sqrt{2g(E_0-h_c)}}$
2		h_c''	G3	=F3/2*(SQRT(1+8*\$B\$1*\$B\$1/(9.8*F3*F3*F3))−1)	$\dfrac{h_c}{2}\left(\sqrt{1+\dfrac{8q^2}{gh_c^3}}-1\right)$
3		v_t	H3	=\$B\$1/\$H\$1	q/h_t
4		上游流态	C4	=IF(F3<\$B\$4,"上游急流","上游缓流")	
5		下游流态	D4	=IF(\$H\$1>\$B\$4,"下游缓流","下游急流")	
6		水跃型式	E4	=IF(G3>\$H\$1,"远驱水跃","淹没水跃")	
7		判断	F4	=IF(E4="远驱水跃","需建消力池","不需建消力池")	
8	消力池计算	估算池深 d	H4	=IF(H3>3,G3−H1,1.05*G3−H1)	$1.05h_c''-h_t$
9		E_0'	C6	=\$D\$1+B6	$E_0'=E_0+d$
10		迭代计算 h_c	D7	=\$B\$1/(\$F\$1*SQRT(2*9.8*(\$C\$6−D6)))	$\dfrac{q}{\varphi\sqrt{2g(E_0-h_c)}}$
11		h_c''	E6	=D11/2*(SQRT(1+8*\$B\$1*\$B\$1/(9.8*D11*D11*D11))−1)	$\dfrac{h_c}{2}\left(\sqrt{1+\dfrac{8q^2}{gh_c^3}}-1\right)$
12		Δz	F6	=\$B\$1*\$B\$1/(2*9.8)*(1/(0.95*0.95*H1*H1)−1/(A6*A6*E6*E6))	$\dfrac{q^2}{2g\varphi'^2 h_t^2}-\dfrac{q^2}{2g(\sigma_j h_c'')^2}$
13		h_T	G6	=B6+H1+F6	$h_T=h_t+d+\Delta z$
14		σ_j	H6	=G6/E6	$\dfrac{h_T}{h_c''}$

五、评价反馈

实训成绩从实训过程表现（10%）、知识技能点掌握情况（40%）、实训报告完成情况（25%）、实训成果答辩展示情况（25%）四方面进行评价。

1. 实训过程表现（10%）

实训过程表现采用百分制记录成绩，包括听课纪律和考勤两方面。听课纪律从玩手机、看与本课程无关的书及交头接耳无端说话等方面评价，无上述现象5分，有1次扣1分，扣完为止；玩手机超过3次，实训过程分为0分。全勤5分，缺勤1次扣1分，扣完为止；缺勤实训学时的三分之一，实训成绩不及格。

2. 知识技能点掌握情况（40%）

知识技能点掌握情况采用百分制记录成绩，在实训过程中采取客观题的方式在学习平台上完成，成绩自动生成。相关知识技能点包括：

（1）参考案例进行实训非棱柱体水面线 Excel 计算。

（2）根据参考案例的方法进行正常水深 h_0 计算。

（3）参考案例自行选择 Excel 计算或公式求解进行临界水深 h_k 计算。

（4）判别实训中陡槽段水流流态为急流还是缓流，并判断陡槽段水面线计算方向。

（5）参考案例进行实训棱柱体水面线 Excel 计算。

（6）根据参考成果绘制出各组的溢洪道水面线。

（7）根据相关知识选取下游坎高及挑流角度等相关参数。

（8）参考案例进行挑流消能段水力计算。

（9）参考案例进行底流消能水力计算。

3. 实训报告完成情况（25%）和实训成果答辩展示情况（25%）

实训报告应包括：

（1）任务设计报告，包括溢洪道水面线计算、挑流消能水力计算、消力池水力计算（不少于20页）。

（2）设计 Excel 计算表格。

（3）绘制溢洪道水面线。

评分标准见提表2-14。

提表2-14　　　　　　　　　　成 绩 评 定 表

成绩	实训报告完成情况（25%）	实训成果答辩展示情况（25%）
优秀	认真按时完成并提交实训中要求完成的问题，计算过程及表述逻辑清晰，计算结果正确，实训报告中图形表格准确恰当	完整准确地介绍实训中涉及的知识技能点；准确流畅地回答教师提问的问题，汇报中语言流畅清晰，仪态自然大方
良好	认真按时完成并提交实训中要求完成的问题，计算过程及表述逻辑基本清晰，计算结果正确，实训报告中图形表格正确无误	完整准确地介绍实训中涉及的知识技能点，较好地回答教师提问的问题，汇报中语言流畅清晰
中	完成并提交实训中要求完成的问题，计算过程及表述逻辑无错误，计算结果正确，完成实训报告	正确介绍实训中涉及的知识技能点，能回答教师提问的问题，汇报中表述基本清楚

续表

成绩	实训报告完成情况（25%）	实训成果答辩展示情况（25%）
及格	基本完成并提交实训中要求完成的问题，计算过程及表述基本正确，计算结果正确，完成实训报告	介绍了实训中涉及的知识技能点，汇报中表述基本清楚

注　计算实训成绩时，优秀按 95 分计，良好按 85 分计，中按 75 分计，及格按 65 分计。

六、相关知识点

1. 明渠急流、缓流与临界流

在平静的湖面上投一颗石子，水面将会产生一个干扰波以石子的着水点为中心，以一定的速度向四周传播。平面上一个干扰波的波形是半径不断增大的同心圆，其传播的速度为干扰波的波速，用 c 表示。如果水流的断面平均流速为 v，那么水面波的传播速度应是水流的速度与波速的矢量和。

当 $v<c$ 时，干扰波能向上游传播，也能向下游传播，称为缓流；当 $v>c$ 时，干扰波不能向上游传播，只能向下游传播，称为急流；当 $v=c$ 时，处于临界状态，干扰波开始只能向下游传播，不能向上游传播，称为临界流。

如果河渠过水断面面积为 A，水面宽度为 B，则平均水深为 $\bar{h}=A/B$，则干扰波的传播速度为 $c=\sqrt{g\dfrac{A}{B}}=\sqrt{g\bar{h}}$。

2. 断面单位能量

如提图 2-8 所示，明渠的底坡与水平面的夹角为 θ，水流为非均匀渐变流。任取一过水断面，设水深为 h、流速为 v，若以过断面最低点的水平面为基准面，以水面为代表点，则断面上单位重量的液体所具有的机械能，称为断面单位能量，简称断面比能，以 E_s 表示。$E_s=h\cos\theta+\dfrac{\alpha v^2}{2g}$，当底坡较小（工程中一般当底坡 $i<10\%$）时，$\cos\theta\approx1$，常采用 $E_s=h+\dfrac{\alpha v^2}{2g}$。

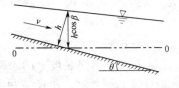
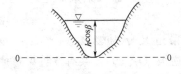

提图 2-8

3. 临界水深 h_k

断面比能最小时，明渠水流就是临界流。因此，把断面比能最小值所对应的水深称为临界水深，用 h_k 表示。当渠道中通过某一固定流量时，水深由小逐渐增大，当实际水深在 h 在临界水深 h_k 以下时，水流处于急流状态；当实际水深 h 正好等于 h_k 时，为临界流；实际水深继续增大，实际水深 h 高于 h_k 时，水流处于急流状态。所以也可以使用实际水深与临界水深对比，判别水流的流态。

若以 A_k、B_k 分别表示临界水深 h_k 所对应的过水断面面积和水面宽度，可以得到临界水深的计算公式为 $\dfrac{\alpha Q^2}{g} = \dfrac{A_k^3}{B_k}$，临界水深只和渠道的断面形状、流量有关，与渠道的底坡、糙率无关。对于矩形断面渠道，渠道底宽和水面宽度相等，$A_k = B_k h_k$，总流量 $Q = B_k q$，可以得到临界水深的计算公式为 $h_k = \sqrt[3]{\dfrac{\alpha q^2}{g}}$，其中 q 为单宽流量。

4. 临界底坡、缓坡与陡坡

对于断面形状、尺寸和糙率一定的棱柱体明渠，通过流量一定时，若发生均匀流动时，渠道中的正常水深 h_0 仅仅与底坡 i 有关。底坡 i 越大，h_0 越小；底坡 i 越小，h_0 越大。如果某一底坡正好使渠道中的正常水深 h_0 等于相应流量的临界水深 h_k，该底坡称为临界底坡。临界底坡 i_k 与流量、断面形状及尺寸、糙率有关，与渠道的实际底坡 i 无关。对于一定的流量，如果渠中形成均匀流动，渠道的底坡与临界底坡比较，存在三种情况：$i < i_k$，$h_0 > h_k$，为缓流，渠道的底坡称为缓坡；$i > i_k$，$h_0 < h_k$，为急流，渠道的底坡称为陡坡；$i = i_k$，$h_0 = h_k$，为临界流，渠道的底坡称为临界坡。

在均匀流的情况下，根据临界底坡即可判别水流的流态。但是，对于非均匀流，由于边界条件的控制，渠中的水深不等于正常水深 h_0，所以在缓坡上可能会出现急流，陡坡上也可能出现缓流，不能用临界坡判别急流和缓流。还需要注意的是，临界坡与流量有关，对于同一渠道，流量不同，临界坡也不同，所以，要判别渠道底坡的类型，必须求出相应流量下的临界底坡。

5. 明渠水面线分析

水深沿流程的变化率与渠道的底坡 i 有关，明渠的底坡不同，可以产生不同形式的水面线。为了便于分析，需要根据底坡对水面线进行分类。明渠的底坡分为：正坡（$i > 0$），平坡（$i = 0$）和逆坡（$i < 0$）。

为了便于分析，做以下规定和标识。

（1）一般用 $N-N$ 线表示渠道的正常水深线，用 $K-K$ 线表示渠道的临界水深线。$N-N$ 线和 $K-K$ 线分别是水深等于正常水深 h_0 和临界水深 h_k，且与渠底线平行的直线，可以用 $N-N$ 线可以判别水流是均匀流还是非均匀流，用 $K-K$ 线可以判别水流是急流还是缓流。

（2）正坡渠道又分为缓坡（$i < i_k$）、陡坡（$i > i_k$）和临界坡（$i = i_k$），加上平坡（$i = 0$）和逆坡（$i < 0$），共有 5 种渠道底坡。为了区分不同底坡上的水面线，一般加脚标以示区分。缓坡上加"1"，陡坡上加"2"，临界坡上加"3"，平坡上和逆坡上分别加"0"和"′"。

（3）5 种底坡情况的 $N-N$ 线和 $K-K$ 线的相对位置不同，缓坡 $h_0 > h_k$，$N-N$ 线位于 $K-K$ 线之上；陡坡 $h_0 < h_k$，$N-N$ 线位于 $K-K$ 线之下。临界坡 $h_0 = h_k$，$N-N$ 线与 $K-K$ 线重合，如提图 2-9 所示。

在平坡和逆坡棱柱体明渠中，存在临界水深，所以有 $K-K$ 线。平坡和逆坡棱柱体明渠不可能形成均匀流，不存在正常水深 h_0，也就没有实际的正常水深线，但可以设想 $N-N$ 线在无限远处。

（4）根据渠道实际水面线相对于 $N—N$ 线和 $K—K$ 线的位置，可以将水面线分为三个区。位于 $N—N$ 线和 $K—K$ 线之上，为 a 区；位于两者之间，为 b 区；位于 $N—N$ 线和 $K—K$ 线之下，为 c 区；在临界底坡上 $N—N$ 线和 $K—K$ 线重合，没有 b 区，只有 a 区和 c 区，见提图 $2-9$。

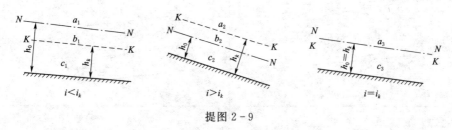

提图 $2-9$

对于平坡和逆坡棱柱体明渠，设想 $N—N$ 线在无限远处，所以有 b 区和 c 区，如提图 $2-10$ 所示。

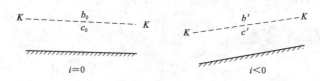

提图 $2-10$

通过分析可知，5 种底坡可能的水面线有：

（1）缓坡上可能有 a_1、b_1、c_1 三种水面线。

（2）陡坡上可能有 a_2、b_2、c_2 三种水面线。

（3）临界坡上可能有 a_3、c_3 两种水面线。

（4）平坡上可能有 b_0、c_0 两种水面线。

（5）逆坡上可能有 b'、c' 两种水面线。

各种底坡明渠上 a 区可能有 a_1、a_2、a_3 三种水面线，b 区可能有 b_1、b_2、b_0、b' 四种水面线，c 区可能有 c_1、c_2、c_3、c_0、c' 五种水面线。综上，共有 12 种水面线，如提图 $2-11$ 所示。

棱柱体明渠恒定非均匀渐变流可能出现的 12 种水面线，它们既有共同的规律，又有各自的特点。进行水面线分析时应注意以下几个问题。

（1）所有 a 区和 c 区只能产生壅水曲线，b 区只能产生降水曲线。

（2）无论何种底坡，每一个流区只可能有一种确定的水面曲线形式，如缓坡上的 b 区，只能是 b_1 型降水曲线，不可能有其他形式的水面线。

（3）对于正坡渠道，当渠道很长，在非均匀流影响不到的地方，水深 $h \rightarrow h_0$，水面线与 $N—N$ 线相切，水流趋近均匀流动。

（4）水流由缓流过渡为急流产生水跌，在底坡渠底突变处的转折断面上，水深近似等于临界水深 h_k。水流由急流过渡到缓流发生水跃，水跃的位置应根据跃前与跃后水深确定。

（5）分析、计算水面线必须从已知水深的断面开始，这种断面称为控制断面，相应的

水面曲线类型	实　例

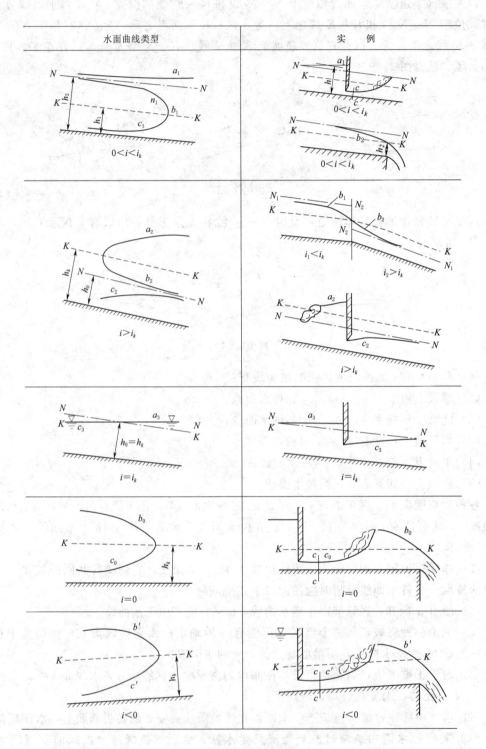

提图 2-11

水深为控制水深。例如，在跌坎上或其他缓流过渡为急流的地方必须通过临界水深，则 h_k 即为控制水深。

（6）因为急流中的干扰波不能向上游传播，缓流中的干扰波能向上游传播，所以急流的控制水深在上游，应自上而下分析、推算水面线；缓流的控制水深在下游，应自下而上分析、推算水面线。

6. 明渠水面线计算

明渠水面线的计算目的在于确定渠道各断面位置的水深，为工程设计、施工提供依据。一般在计算之前，先进行水面线的定性分析，确定水面线线型、水跌位置、水跃位置、找出控制断面，然后从已知位置和水深的控制断面处开始进行计算。

明渠水面线计算常用分段求和法。分段求和法就是将整个过流渠道分为若干流段，并以有限差分代替基本方程中的微分，分段计算各断面的位置和水深，所有断面水面连接后形成整个过流渠道水面线。

分段求和法计算公式有

$$\Delta s = \frac{\Delta E_s}{i - \overline{J}_f} \qquad (2-1)$$

$$\Delta E_s = E_{s\overline{\text{下}}} - E_{s\text{上}} \qquad (2-2)$$

$$\overline{J}_f = \frac{\overline{v}^2}{\overline{C}^2 \overline{R}} \qquad (2-3)$$

式中 $E_{s\text{上}}$、$E_{s\overline{\text{下}}}$——流段上、下游断面的断面单位能量；

$\overline{J}_f$——流段的平均水力坡度，近似采用均匀流沿程水头损失的计算公式；

$\overline{v}$、$\overline{C}$、$\overline{R}$——流段上、下游断面的流速、谢才系数、水力半径的平均值。

$$\overline{v} = \frac{v_\text{上} + v_\text{下}}{2} \qquad (2-4)$$

$$\overline{C} = \frac{C_\text{上} + C_\text{下}}{2} \qquad (2-5)$$

$$\overline{R} = \frac{R_\text{上} + R_\text{下}}{2} \qquad (2-6)$$

棱柱体水面线计算需要先判断计算渠段的水流是急流或缓流，从控制断面开始，急流应从上游断面向下游断面分段计算，缓流应从下游向上游分段计算。

棱柱体水面线分段求和的方法步骤是：

（1）计算已知 1—1 断面的水力参数 A_1、v_1、E_{s1}、h_1、R_1 等。

（2）根据分析得到的水面线性质，假设下一断面 2—2 的水深为 $h_2 = h_1 \pm \Delta h$，计算相应的 A_2、v_2、E_{s2}、h_2、R_2 等。

（3）计算 1—1 断面和 2—2 断面间的平均流速、水力半径、谢才系数等水力要素的平均值。

（4）利用式（2—1）求出 1~2 断面之间的流程长 Δs_1。

（5）再用求出的 2—2 断面的参数为已知量，假设下一断面 3—3 的水深为 $h_3 = h_2 \pm \Delta h$，计算相应的 A_3、v_3、E_{s3}、h_3、R_3 等，从而求出 2~3 断面之间的流程长 Δs_2。

（6）重复上述步骤，可以得到一系列的 h_i 和 Δs_{i-1}，在图纸上标出相应断面后，用光滑的曲线将各断面水面点连接起来就可以得到所分析的水面线定量数值。

非棱柱体渠道没有临界水深、临界底坡等，断面形状随流程会发生变化，显然如果仍然采用棱柱体的方法进行计算，就会出现流程、断面形状都不确定的情况，无从解决，所以必须首先确定计算断面位置，然后再想办法求出断面水深。

7. 挑流消能水力计算

将泄水建筑物出口部分设计成向上翘起的鼻坎形式，将下泄的急流抛向空中，经较远距离空中运动后，落入离建筑物较远的河渠中与下游水流相衔接，这种消能方式称为挑流消能方式（提图 2-12）。

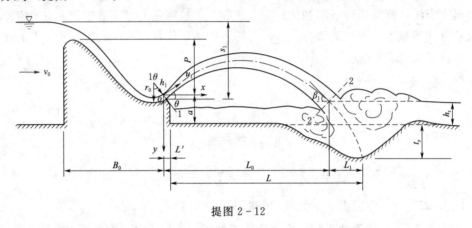

提图 2-12

挑流消能设计的主要任务是：选择鼻坎形式，确定鼻坎高程、反弧半径、挑角，计算挑距和下游冲刷坑深度等。通过这些数据，分析计算冲刷坑深度与建筑物下游底部形成的坡度，如果坡度过大，建筑物下游河床覆盖层会不断跌入冲刷坑，并被带到下游和河渠中，从而影响建筑物的安全。

（1）鼻坎的形式如提图 2-13 所示。

（2）鼻坎的挑角。

当鼻坎的高程一定时，不考虑空气阻力等因素，按自由抛体的理论计算，其射程最远的挑角应是 45°。但由于射出的不是一个质点，而是一股沿程扩散和掺气的水流，并且出口断面上各点的流速又不相同，因此，抛射距离最远的挑角实际小于 45°。若挑角 θ 越大，则入水角 β 越大，则水下射程减小，并且水流对河床的冲刷力越强；另外当通过的流量不大时，由于动能不足，在鼻坎的反弧段上会形成旋滚，然后跌在脚下造成冲刷，影响建筑物的安全。所以，根据试验，鼻坎的适宜挑角是 15°～35°，重要工程应通过试验确定。

（3）鼻坎高程。

鼻坎高程越低，则 s_1 越大，鼻坎出口断面上的流速 v 也越大，因而有利于增加射程。同时降低挑坎高程可以减小工程量，降低造价。但是挑坎过低一方面可能会使水股下缘通气不充分，水舌与建筑间形成封闭空间，造成真空，在水舌外缘大气压力作用下减小射程，降低挑流效果；另一方面，当下游水位超过鼻坎高程到一定程度时也可能使水流挑不出去，达不到挑流消能的目的。故工程中一般取挑坎的最低高程等于或稍高于下游最高

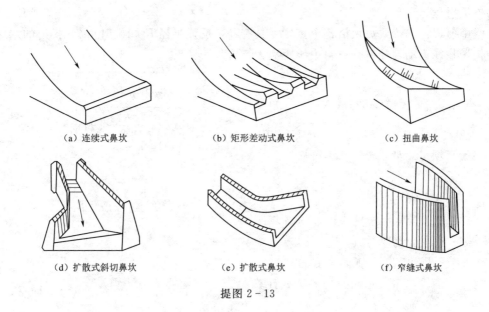

（a）连续式鼻坎　　　　　　　（b）矩形差动式鼻坎　　　　　　　（c）扭曲鼻坎

（d）扩散式斜切鼻坎　　　　　　（e）扩散式鼻坎　　　　　　　（f）窄缝式鼻坎

提图 2－13

水位。

（4）反弧半径。

反弧半径大小，对射程远近是有一定影响的。根据经验一般取 $R = (4\sim10) h$，h 为校核洪水位时反弧段最低处的水深。当流速高或单宽流量较大时 R 取较大值。

（5）冲刷坑深度 t_s 的计算。

t_s 取决于冲刷能力和河床的抗冲能力，其影响因素较复杂，与单宽流量、上下游水位差、河床地质条件、下游河渠水深、鼻坎型式、溢流坝面等因素有关。工程中常采用经验公式进行计算：

$$t_s = kq^{0.5}z^{0.25} - h_t \tag{2－7}$$

式中　　t_s——冲刷坑深度；

　　　　z——上下游水位差；

　　　　k——抗冲刷系数，与岩层性质有关，可查提表 2－15。

提表 2－15　　　　　　　　　　岩基构造特性与抗冲刷系数 k

岩 基 构 造 特 性 描 述	岩基类型	k 值
节理很发育、裂隙很杂乱，岩石成碎块状，裂隙内部为黏土填充，包括松软结构、松散结构和破碎带	Ⅳ	1.5～2.0
节理较发育、岩石成块状，部分裂隙为黏土填充	Ⅲ	1.2～1.5
节理发育、岩石成大块状，裂隙密闭，少有充填	Ⅱ	0.9～1.2
节理不发育，多位密闭状，延展不长，岩石呈巨块状	Ⅰ	<1.0

（6）挑流射程的计算。

挑流射程是指挑流鼻坎下游壁面至冲刷坑最深点的水平距离。如图 2－15 所示，挑流射程 L 应包括空中射程 L_0 和水下射程 L_1，即 $L = L_0 + L_1$。下面计算最常用的连续式鼻坎的挑流射程。

空中射程：连续式鼻坎沿整个宽度上具有同一反弧半径 R 和挑射角 θ，挑射的水流在空中按抛物线运动，经过分析空中挑距应为

$$L_0=\varphi^2\sin2\theta\left(s_1-\frac{h_1}{2}\cos\theta\right)\left[1+\sqrt{1+\frac{a-h_t+\frac{h_1}{2}\cos\theta}{\varphi^2\sin^2\theta\left(s_1-\frac{h_1}{2}\cos\theta\right)}}\right] \qquad (2-8)$$

对于高坝 $s_1\gg h_1$，略去 h_1，得

$$L_0=\varphi^2 s_1\sin2\theta\left(1+\sqrt{1+\frac{a-h_t}{\varphi^2 s_1\sin^2\theta}}\right) \qquad (2-9)$$

式中　s_1——上游水面至挑坎顶部的高差；

　　　φ——坝面流速系数；

　　　a——挑坎顶部与下游渠底的高差。

对于坝面流速系数 φ 可有经验公式计算：

$$\varphi=\sqrt[3]{1-\frac{0.055}{K_E^{0.5}}} \qquad (2-10)$$

$$K_E=\frac{q}{\sqrt{g}\,s_1^{1.5}}$$

式中　K_E——流能比；

　　　q——单宽流量。

适用于 $K_E=0.004\sim0.15$ 范围内，当 $K_E>0.15$ 时，取 $\varphi=0.95$。

水下射程：水股潜入下游水体后，属于潜没射流，不符合自由抛射体运动规律，一般近似认为沿入射角 β 方向作直线运动，指向冲刷坑的最深点。水下射程为

$$L_1=\frac{t_s+h_t}{\tan\beta} \qquad (2-11)$$

式中　t_s——冲刷坑深度；

　　　h_t——下游渠道水深。

$$\tan\beta=\sqrt{\tan^2\theta+\frac{a-h_t}{\varphi^2 s_1\cos^2\theta}} \qquad (2-12)$$

$$L_1=\frac{t_s+h_t}{\sqrt{\tan^2\theta+\frac{a-h_t}{\varphi^2 s_1\cos^2\theta}}} \qquad (2-13)$$

空中射程和水下射程两者之和就是总射程。

（7）挑流消能分析和计算过程。

冲刷坑对坝身的影响，一般用挑坎末端至冲刷坑最深点的平均坡度表示，即

$$i=\frac{t_s}{L_0+L_1} \qquad (2-14)$$

计算出的 i 值越大，坝身越不安全。根据工程实践经验，许可的最大临界坡 i_c 值，

一般取 $i_c=0.2\sim0.4$。当 $i<i_c$ 时，就认为冲刷坑不会危及坝身的安全。

在进行挑流消能计算时，应首先确定冲刷坑深度 t_s，再分别求出空中射程 L_0 和水下射程 L_1，最后用式（2-14）求出挑坎末端至冲刷坑最深点的平均坡度 i，判断冲刷坑深度对坝身的影响。由于影响冲刷坑的因素比较复杂，往往还需要通过模型试验来确定冲刷坑的深度。

8. 挖深式消力池水力计算

当泄水建筑物下游收缩断面共轭水深 $h''_c \geq h_t$ 时，建筑物下游产生远驱式水跃或临界式水跃，为了控制水跃的位置，减少保护段的长度，常在建筑物下游修建消力池，增加局部水深使水流在消力池内产生具有一定淹没度的淹没式水跃，在消力池内消除绝大部分余能。

降低护坦高程，形成挖深式消力池，使消力池末端的水深满足在消力池内产生淹没水跃的条件。下面介绍从入口到出口都是等宽的矩形断面消力池的水力计算方法。

降低下游护坦形成挖深式消力池后，造成建筑物上下游总水头增加，在消力池末端形成壅水等现象，池中水流情况如提图 2-14 所示。挖深式消力池水力计算主要是确定消力池的深度 d 和长度 L_k。

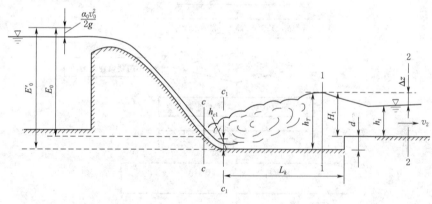

提图 2-14

（1）挖深式消力池深度 d 的计算。

假设消力池的池深为 d，则总水头变化为 E'_0 为

$$E'_0 = E_0 + d \qquad (2-15)$$

下游收缩断面的水深 h'_c 应符合下式：

$$E'_0 = E_0 + d = h'_c + \frac{q^2}{2g\varphi^2 h'^2_c} \qquad (2-16)$$

为使水流在消力池内产生稍有淹没的淹没式水跃，挖深以后的消力池末端水深 h_T 应满足下列关系式：

$$h_T = \sigma_j h''_c = \frac{\sigma_j h'_c}{2}\left(\sqrt{1+\frac{8q^2}{g h'^3_c}}-1\right) \qquad (2-17)$$

$$\sigma_j = \frac{h_T}{h''_c} \qquad (2-18)$$

式中 σ_j——消力池中水跃淹没系数，$\sigma_j = 1.05 \sim 1.10$；

　h_c'、h_c''——挖深后下游收缩断面水深及其相应的跃后水深。

水流由消力池进入下游河床时，与宽顶堰上的流动相似，水面产生跌落 Δz，出池水流与堰流类似，池末水深还应满足 $h_T = h_t + d + \Delta z$。

Δz 可由池末断面 1—1 及下游断面 2—2 列能量方程来确定：

$$\Delta z = \frac{q^2}{2g\varphi'^2 h_t^2} - \frac{q^2}{2g(\sigma_j h_c'')^2} \qquad (2-19)$$

式中 φ'一般取 0.95，由于此时还不知道 σ_j，取 $\sigma_j = 1.05$。

由 4 个方程，可求解 4 个未知数 h_c''、h_T、Δz 和 d。因为池深 d 与其他变量是复杂的隐函数关系，只能利用试算法求解。对于中小型工程当 $q < 25\mathrm{m^3/(s \cdot m)}$、$E_0 < 35\mathrm{m}$ 时，估算 d 可用下列公式：当下游流速 $v_t < 3\mathrm{m/s}$ 时，估算 $d = 1.05h_c'' - h_t$；当下游流速 $v_t > 3\mathrm{m/s}$ 时，估算 $d = h_c'' - h_t$。

式中 h_c'' 是挖深前下游收缩断面水深 h_c 所对应的跃后水深，其值在判别衔接方式时已求出。计算方法与计算步骤见提图 2-15。

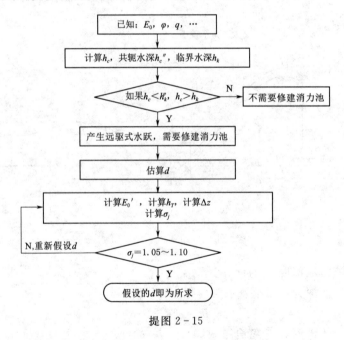

提图 2-15

（2）挖深式消力池长度 L_k 的计算。

消力池的长度应使水跃不能越出池外。如果消力池长度不够，水跃一旦越出池外便会冲刷下游河床；消力池过长，又会增加工程费用，造成浪费。消力池的长度可按下式计算：

$$L_k = L_1 + L_j' \qquad (2-20)$$

式中 L_1——从堰坎到收缩断面的距离；

　L_j'——消力池内的水跃长度，受消力池末端壁面的反向作用力，水跃长度减小，称为壅高水跃长度。

$$L_j' = (0.7 \sim 0.8)L_j \tag{2-21}$$

式中 L_j——自由水跃长度，按自由水跃长度公式计算。

L_1 可视出流方式确定。曲线形实用堰可取 $L_1 = 0$。闸孔出流或其他泄水建筑物，应根据布置形式确定 L_1。

实验模块

任务一 水静力学实验

一、实验目的

（1）测量静水中某一点的压强，验证水静力学基本方程。

（2）观察分析水静力学现象，加深对绝对压强、相对压强、表面压强、真空压强和真空度的理解。

（3）测定油的密度。

二、知识回顾

1. 静水压强方程式几何意义

$$z_1 + \frac{p_1}{\gamma} = z_2 + \frac{p_2}{\gamma}$$

式中　　z_1、z_2——1点、2点的位置水头；

　　　　$\frac{p_1}{\gamma}$、$\frac{p_2}{\gamma}$——1点、2点的压强水头；

$z_1 + \frac{p_1}{\gamma}$、$z_2 + \frac{p_2}{\gamma}$——1点、2点的测压管水头。

在重力作用的静止均质连通液体中，各点的测压管水头相等，水平面为等压面。

2. 相对压强、绝对压强及真空压强

以绝对真空作为基准起算的压强称为绝对压强。以一个工程大气压 p_a 作为基准起算的压强称为相对压强。如果某处的绝对压强小于工程大气压 98kPa，该点的相对压强为负值，此点产生负压或称为真空。

三、实验装置

实验装置及各部分名称如实图1-1所示。

四、实验内容、步骤及注意事项

实验设备名称：

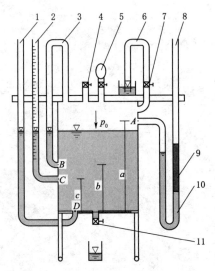

实图1-1　流体静力学综合型实验装置图
1—测压管；2—带标尺测压管；3—连通管；4—通气阀；5—加压打气球；6—真空测压管；7—截止阀；8—U形测压管；9—油柱；10—水柱；11—减压放水阀

实验者：

实验日期：

各测点高程为：$\nabla_B = $ _____ $\times 10^{-2}$m、$\nabla_C = $ _____ $\times 10^{-2}$m、$\nabla_D = $ _____ $\times 10^{-2}$m

基准面选在 _____，$z_C = $ ___ $\times 10^{-2}$m、$z_D = $ ___ $\times 10^{-2}$m

【步骤 1】打开通气阀 4，此时实验装置内压强 $p_0 = 0$。

（1）测量水箱液面标高 ∇_0 和测压管 2 液面标高 ∇_H，分别确定测点 A、B、C、D 的压强水头，计算 C、D 点的测压管水头（实表 1-1）。

注意事项：

1）所有测压管液面标高均以带标尺测压管 2 的零点高程为基准。

2）测点 B、C、D 位置高程的标尺读数值分别以 ∇_B、∇_C、∇_D 表示，若同时取标尺零点作为静力学基本方程的基准，则 ∇_B、∇_C、∇_D 亦为 z_B、z_C、z_D。

3）本仪器中所有阀门旋柄均以顺管轴线为开。

（2）连通器是指上端开口或相通、底部相通的容器。连通器在生活、生产实践中有着广泛的应用。世界上最大的人造连通器是三峡船闸，三峡船闸是目前世界上规模最大、水头最高、级数最多、安装技术最为复杂的双线五级梯级船闸。查阅三峡船闸的资料，理解船舶如何穿越这座举世无双的五级船闸。

【步骤 2】关闭通气阀 4，关闭减压放水阀 11，通过加压打气球 5 对装置打气，对装置内部加压，形成正压 $p_0 > 0$。

（1）测量水箱液面标高 ∇_0 和测压管 2 液面标高 ∇_H，分别确定测点 A、B、C、D 的压强水头，计算 C、D 点的测压管水头（实表 1-1），取不同数值。重复实验 2 次。

（2）过 C 点作一水平面，这个水平面是不是等压面？简要说明判断依据。

注意事项：

1）用打气球加压、减压需缓慢，防止液体溢出。

2）打气后务必关闭打气球下端阀门，以防漏气。

3）在实验过程中，装置的气密性要求保持良好。

【步骤 3】关闭通气阀 4，关闭加压打气球 5 底部阀门，开启放水阀 11 放水，可对装置内部减压，形成真空（$p_0 < 0$）。

（1）观察真空现象。打开放水阀 11 减低箱内压强，使测压管 2 的液面低于水箱液面，这时水箱内 $p_0 < 0$，再打开截止阀 7，在大气压力作用下，管 6 中的液面就会升到一定高度，说明水箱内出现了真空（负压）。

（2）观察负压下管 6 中液位变化。关闭通气阀 4，开启截止阀 7 和放水阀 11，待空气自管 2 进入圆筒后，观察管 6 中的液面变化，简要解释液面变化原因。

（3）测量水箱液面标高 ∇_0 和测压管 2 液面标高 ∇_H，分别确定测点 A、B、C、D 的压强水头，计算 C、D 点的测压管水头（实表 1-1），取不同数值，重复实验 2 次。

注意事项：真空实验时，放出的水应通过水箱顶部的漏斗倒回水箱中。在实验过程中，装置的气密性要求保持良好。

实表 1-1　　　　　　　　　　　静水压强测量记录及计算表

实验条件	次序	水箱液面 ∇_0 /(10^{-2} m)	测压管液面 ∇_H /(10^{-2} m)	压强水头				测压管水头	
				$\dfrac{p_A}{\gamma} = \nabla_H - \nabla_0$ /(10^{-2} m)	$\dfrac{p_B}{\gamma} = \nabla_H - \nabla_B$ /(10^{-2} m)	$\dfrac{p_C}{\gamma} = \nabla_H - \nabla_C$ /(10^{-2} m)	$\dfrac{p_D}{\gamma} = \nabla_H - \nabla_D$ /(10^{-2} m)	$z_C + \dfrac{p_C}{\gamma}$ /(10^{-2} m)	$z_D + \dfrac{p_D}{\gamma}$ /(10^{-2} m)
$p_0 = 0$									
$p_0 > 0$									
$p_0 < 0$（其中一次 $p_B < 0$）									

【步骤 4】 测定油的密度。

（1）方法 1：打开通气阀 4，使 $p_0 = 0$。另备一根直尺测量 h_1 和 H。计算油的密度 ρ_0。

提示：采用实图 1-1 实验装置的 U 形测压管 8，如实图 1-2 所示。水的密度 ρ_w 为已知值，由等压面原理则有

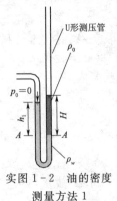

实图 1-2　油的密度
测量方法 1

$$\frac{\rho_0}{\rho_w} = \frac{h_1}{H}$$

（2）方法 2：不另备测量尺，只利用实图 1-1 中带标尺测压管 2 的自带标尺测量。

关闭通气阀 4，用加压打气球 5 打气加压（$p_0 > 0$），使 U 形测压管 8 中的水面与油水交界面齐平 [实图 1-3（a）]，测量记录水箱液面 ∇_0 及带标尺测压管 2 液面 ∇_H。（此过程反复进行 3 次）

打开通气阀 4，待液面稳定后，关闭所有阀门，然后开启减压放水阀 11 降压（$p_0 < 0$），使 U 形测压管 8 中的水面与油面齐平 [实图 1-3（b）]，测量记录水箱液面 ∇_0 及带标尺测压管 2

液面$\bigtriangledown_H$。（此过程反复进行 3 次）

完成油的密度测定记录及计算表（实表 1-2），计算油的密度ρ_0。

提示：

用加压打气球 5 打气加压使 U 形测压管 8 中的水面与油水交界面齐平，如实图 1-3（a）所示，有

$$p_{01}=\rho_w gh_1=\rho_0 gH$$

再打开减压放水阀 11 降压，使 U 形测压管 8 中的水面与油面齐平，如实图 1-3（b）所示，有

$$p_{02}=-\rho_w gh_2=\rho_0 gH-\rho_w gH$$

水的密度ρ_w为已知值，联立两式则有

$$\frac{\rho_0}{\rho_w}=\frac{h_1}{h_1+h_2}$$

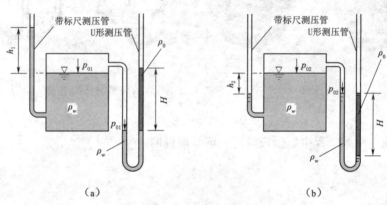

（a）　　　　　　　　　　　　　　（b）

实图 1-3　油的密度测量方法 2

实表 1-2　　　　　　　　　　　　油的密度测定记录及计算表

条　件	次序	水箱液面$\bigtriangledown_0$ /(10^{-2}m)	带标尺测压管 2 液面$\bigtriangledown_H$ /(10^{-2}m)	$h_1=\bigtriangledown_H-\bigtriangledown_0$ /(10^{-2}m)	$\overline{h}_1$ /(10^{-2}m)	$h_2=\bigtriangledown_0-\bigtriangledown_H$ /(10^{-2}m)	$\overline{h}_2$ /(10^{-2}m)	$\dfrac{\rho_0}{\rho_w}=\dfrac{\overline{h}_1}{\overline{h}_1+\overline{h}_2}$
$p_0>0$，且 U 形管中水面与油水交界面齐平								
$p_0<0$，且 U 形管中水面与油面齐平								

五、拓展与思考

1. 拓展——连通器

青釉提梁倒流壶［实图 1-4（a）］是五代时期的文物，现收藏于陕西历史博物馆。倒流壶虽然具有壶的形貌，但壶盖却与器身连为一体，无法像普通壶那样从口部注水。使用

时需将壶倒转过来，水从壶底的梅花形注水口注入壶中［实图1-4（b）（c）］，注满水后，将壶放正［实图1-4（d）］，故名"倒流壶"。将壶身歪斜，壶里的水就能从茶壶嘴正常地流出来了。倒灌壶之所以具有这样的功能，是应用了连通器原理，其壶内设计了特殊结构——A、B两根隔水管［实图1-4（c）（d）］，其中隔水管A与壶底部的注水口相连，隔水管B是由壶嘴的出水口向下延伸形成。向壶内注水时，若水从壶嘴外流，表面水已注满，这时水面的高度取决于隔水管B的高度；将壶翻转过来，若水面不超过壶嘴出水口和隔水管A的高度，水将不会流出来。如此设计可谓浑然天成，匠心独具，充分体现了我国古代工匠的智慧。

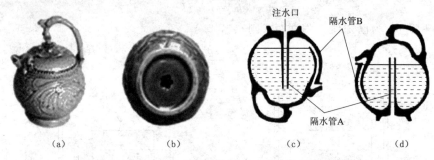

（a）　　　　　　　（b）　　　　　　　（c）　　　　　　　（d）

实图1-4　五代时期的文物——青釉提梁倒流壶

2. 思考题

你能发现生活或工程中负压现象吗？请举例说明。

任务二　恒定总流能量方程实验

一、实验目的

（1）通过观察测压管水头沿程变化情况，能够分析单位位能、单位压能、单位动能及单位能量损失转换关系。

（2）通过量测有压管流测压管水头，能够正确绘制测压管水头线及总水头线，分析沿程变化特点。

（3）能够利用渐变流、急变流特点，观察分析同一过水断面上测压管水头特点。

二、知识回顾

（1）恒定总流能量方程：

$$z_1 + \frac{p_1}{\gamma} + \frac{\alpha_1 v_1^2}{2g} = z_2 + \frac{p_2}{\gamma} + \frac{\alpha_2 v_2^2}{2g} + h_{w1-2}$$

式中　　　z——位置水头；

$\dfrac{p}{\gamma}$——压强水头;

$\dfrac{\alpha v^2}{2g}$——流速水头;

$z+\dfrac{p}{\gamma}$——测压管水头;

$z+\dfrac{p}{\gamma}+\dfrac{\alpha v^2}{2g}$——总水头;

h_{w1-2}——水头损失。

恒定总流能量方程反映了总流中两个满足渐变流条件的过水断面上的液体单位机械能的相互关系,反映了单位位能、单位压能、单位动能之间相互转换关系,表达了总流单位能量转化和守恒的规律。

(2)均匀流或渐变流断面动水压强符合静水压强的分布规律,即在同一断面上 $z+\dfrac{p}{\gamma}=C$,但在不同过流断面上的测压管水头不同,$z_1+\dfrac{p_1}{\gamma}\neq z_2+\dfrac{p_2}{\gamma}$。

(3)急变流同一断面上测压管水头不同,$z+\dfrac{p}{\gamma}\neq C$。

三、实验装置

实验装置及各部分名称如实图 2-1 所示。

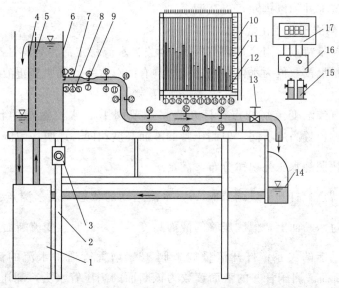

实图 2-1 恒定总流能量方程实验装置图

1—自循环供水器;2—实验台;3—进水开关;4—溢流板;5—稳水孔板;6—恒压水箱;7—实验管道;
8—测压点①～⑲;9—弯针毕托管;10—测压计;11—滑动测量尺;12—测压管①～⑲;
13—流量调节阀;14—回水漏斗;15—稳压筒;16—传感器;17—智能化数显流量仪

四、实验内容、步骤及注意事项

实验设备名称：_____　　实验台号：_____

实验者：_____　　实验日期：_____

均匀段 $d_1 = $ ___$\times 10^{-2}$m，喉管段 $d_2 = $ ___$\times 10^{-2}$m，扩管段 $d_3 = $ ___$\times 10^{-2}$m

水箱液面高程 $\nabla_0 = $ ___$\times 10^{-2}$m，上管道轴线高程 $\nabla_z = $ ___$\times 10^{-2}$m（基准面为标尺零点）

将各测点处管径 d 填写至管径记录表中（见实表 2-1）。

实表 2-1　　管径记录表（带 * 的为毕托管测压点，其余为普通测压点）

测点编号	①*	②③	④	⑤	⑥*⑦	⑧*⑨	⑩⑪	⑫*⑬	⑭*⑮	⑯*⑰	⑱*⑲
管径 d /$(10^{-2}$m)											
两点间距 L /$(10^{-2}$m)	4	4	6	6	4	13.5	6	10	29.5	16	16

【步骤 1】排气。

（1）启动水泵打开进水开关 3 使水箱充水，待水箱溢流，间歇性全开、全关管道流量调节阀 13 数次，直至连通管及实验管道中无气泡滞留。

（2）检查流量调节阀 13 关闭后所有测压管水面是否齐平。如不平，检查连通管是否受阻、漏气或夹气泡并加以排除，直至调平。

【步骤 2】观察测压管变化规律。

（1）静水时能量特点：当流量调节阀 13 全关、水流稳定后，各测压管的液面连线应为水平线，此时滑尺读数值为水体在流动前所具有的总水头，说明静止液体的测压管水头线为水平线。

（2）均匀流（或渐变流）特点：打开流量调节阀 13，水流运动的状态下观察测点②和③。发现虽然位置高度不同，但测压管的液面高度相同，说明均匀流（或渐变流）断面上的动水压强按照静水压强规律分布，满足 $z + \dfrac{p}{\gamma} = C$。

（3）急变流特点：打开流量调节阀 13，水流运动的状态下观察测点⑩和⑪。发现两测点虽然在同一过水断面上，但测压管的液面高度不同，说明急变流断面上 $z + \dfrac{p}{\gamma} \neq C$。

（4）势能与动能的关系：打开流量调节阀 13，增大管道中水流的流速，观察测点⑧*、⑨所在的断面。测压管⑨的液面读数为该断面的测压管水头，测压管⑧*的液面读数为该断面的总水头。通过观察发现当流速增大，则水头损失增大，水流流到该断面时的总水头减小，断面上的势能也减小。

（5）总能量变化规律：加大流量调节阀 13 的开度，使水流接近最大流量，稳定后各测压管水位如实图 2-2 所示，图中 A—A 为管轴线。观察测点①*、⑥*、⑧*、⑫*、⑭*、⑯*、⑱*的水位，发现各测压管的液面沿流程逐渐降低，说明在无外界影响的情况下总能量沿流程只会减少。

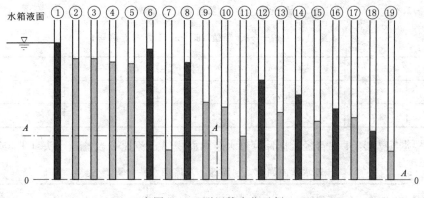

实图 2-2 测压管水位示例

（6）测压管水头变化规律：打开流量调节阀 13，水流运动的状态下观察测点②、④、⑤、⑦、⑨、⑬、⑮、⑰、⑲的测压管水位，可见沿流程有升也有降，表明测压管水头线沿流程可以上升也可以下降。

（7）沿程水头损失规律：打开流量调节阀 13，水流运动的状态下从测点②、④、⑤点可看出沿程水头损失的变化规律，管径不变的管道中，流程距离相等则沿程水头损失相同。

（8）势能与动能的转换：打开流量调节阀 13，水流运动的状态下以测点⑤、⑦、⑨为例，测点所在流段上高程相等，管径先收缩后扩大，流速由小增大再减小。测压管⑤到测压管⑦的水位发生了陡降，表明水流从测点⑤断面流到测点⑦断面时有部分压力势能转化为动能。而测压管⑦到测压管⑨水位回升了，则说明有部分动能又转化为压力势能。这验证了动能和势能之间是可以互相转化的。

（9）位能和压能的转换：打开流量调节阀 13，水流运动的状态下以测点⑨与⑮所在的过水断面为例，由于两过水断面的流速水头相等，测点⑨的位能较大，压能较小，而测点⑮的位能较小，压能却比⑨点大，这就说明了水流从测点⑨断面流到测点⑮断面的过程中，部分位能转换成了压能。

提示：

毕托管是利用恒定总流能量转化原理制作的测定水流点速度的仪器。如实图 2-3 所示，将弯管前端管口置于 A 点并正对水流方向，由于水流的顶冲，该点水流的动能将全部转化为压能，管中的水面将上升至 h 高度，正对水流方向管口 A 点处的流速变为零，此时管中的水柱高度 h 是 A 点处测压管水头，即 $h = \dfrac{p_A}{\gamma} + \dfrac{\alpha_A v_A^2}{2g}$。

利用毕托管测定点流速的具体方法见基础模块的相关知识点。

【步骤3】 测压管水头线测量及总水头线绘制。

（1）在恒定流条件下用流量调节阀 13 改变流量 2 次，其中 1 次流量调节阀 13 开度大到使⑲号测压管液面接近可读数范围的最

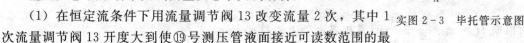

实图 2-3 毕托管示意图

低点，待流量稳定后，记录各测压管液面读数及实验流量（见实表 2-2）。

实表 2-2　　　　　　　　测压管水头 h_i 及流量 Q 记录表

（其中 $h_i=z_i+\dfrac{p_i}{\gamma}$，单位 10^{-2} m，i 为测点编号）

测次	h_2	h_3	h_4	h_5	h_7	h_9	h_{10}	h_{11}	h_{13}	h_{15}	h_{17}	h_{19}	流量 $Q/(10^{-6}\,\mathrm{m^3/s})$
1													
2													

（2）根据实表 2-1 中管径数据计算过水断面面积 A、流速 v 及流速水头（见实表 2-3）。

实表 2-3　　　　　　　过水断面面积 A、流速 v 及流速水头计算表

测次	流量 $Q/(10^{-6}\,\mathrm{m^3/s})$	管径 $d/(10^{-2}\,\mathrm{m})$	$A/(10^{-4}\,\mathrm{m^2})$	$v/(10^{-2}\,\mathrm{m/s})$	$\dfrac{v^2}{2g}/(10^{-2}\,\mathrm{m})$
1					
2					

（3）根据实表 2-2 和实表 2-3 中的数据，计算总水头 H（见实表 2-4）。

实表 2-4　　　　　　　　　　总水头 H_i 计算表

（其中 $H_i=z_i+\dfrac{p_i}{\gamma}+\dfrac{\alpha v_i^2}{2g}$，单位 10^{-2} m，i 为测点编号）

测次	H_2	H_4	H_5	H_7	H_9	H_{13}	H_{15}	H_{17}	H_{19}	流量 $Q/(10^{-6}\,\mathrm{m^3/s})$
1										
2										

（4）根据实表 2-2～实表 2-4 数据在实图 2-4 中绘制出最大流量下的测压管水头线和总水头线。

提示：

1）在管道中为恒定流时，沿水流方向取 n 个过水断面列出进口断面 1—1 至断面 i—i（$i=2$，$3\cdots$，n）的恒定总流能量方程（取 $\alpha_1=\alpha_2=\alpha_n\cdots=1$）。

$$z_1+\frac{p_1}{\gamma}+\frac{\alpha_1 v_1^2}{2g}=z_i+\frac{p_i}{\gamma}+\frac{\alpha_i v_i^2}{2g}+h_{w1-i}$$

2）选好基准面，即可通过测压管读出各断面上的测压管水头 $z+\dfrac{p}{\gamma}$。

3）测量出管道中的流量 Q 及管径 d 即可计算出断面平均流速 v 及流速水头 $\dfrac{\alpha v^2}{2g}$，从而根据 $H_i=z_i+\dfrac{p_i}{\gamma}+\dfrac{\alpha v_i^2}{2g}$ 计算出各断面上的总水头。

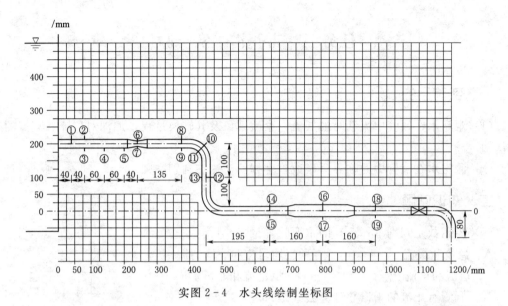

实图 2-4　水头线绘制坐标图

五、拓展与思考

1. 拓展——毕托管测飞机速度

毕托管又名"空速管"，由法国 H. 皮托发明用来测量气流总压和静压以确定气流速度的一种管状装置（实图 2-5）。

空速管测量飞机速度的原理是当飞机向前飞行时，气流便冲进空速管中，在管子末端的感应器会感受到气流的冲击力量，即动压。飞机飞得越快，动压就越大。如果将空气静止时的压力即静压和动压相比较就可以知道冲进来的空气有多快，也就是飞机飞得有多快。

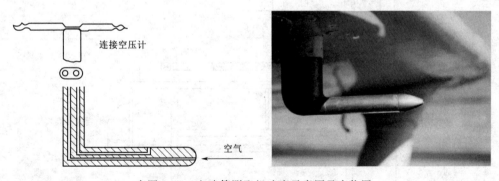

实图 2-5　空速管测飞机速度示意图及实物图

2. 思考题

在实验中如果将阀门开大使流量增加，测压管水头线有何变化？为什么？

任务三 雷 诺 实 验

一、实验目的

(1) 观察水在圆管中流动时的层流、紊流现象及其转换过程，加深对层流、紊流的感性认知。

(2) 测定水在圆管中的临界雷诺数，掌握管流流态判别准则。

二、知识回顾

(1) 雷诺数是判别（　　）的重要物理量。

A、急流和缓流　　　　　　　B、均匀流和非均匀流

C、层流和紊流　　　　　　　D、恒定流和非恒定流

(2) 圆管有压流的雷诺数计算公式是（　　）。

A、$C=\dfrac{1}{n}R^{\frac{1}{6}}$　　　B、$v=C\sqrt{RJ}$　　　C、$Re=\dfrac{vR}{\nu}$　　　D、$Re=\dfrac{vd}{\nu}$

(3) 圆管有压流的临界雷诺数约为（　　）。

A、2000　　　　B、4500　　　　C、500　　　　D、1000

三、实验装置

实验装置及各部分名称如实图 3-1 所示。

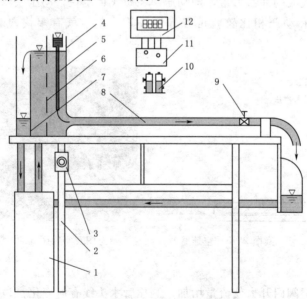

实图 3-1　雷诺实验装置图

1—自循环供水器；2—实验台；3—开关；4—恒压水箱；5—有色水水管；

6—稳水孔板；7—溢流板；8—实验管道；9—流量调节阀；

10—稳压筒；11—传感器；12—智能化数显流量仪

四、实验内容、步骤及注意事项

实验设备名称：

实验者：

实验日期：

管径 $d =$ _____ $\times 10^{-2}$ m，　水温 $T =$ _____ ℃

运动黏滞系数 $\nu =$ _____ cm^2/s = _____ m^2/s

【步骤 1】观察层流紊流两种流态。

(1) 启动水泵供水，使恒压水箱 4 保持微溢流的程度，以提高进口前水体稳定度。

(2) 微开流量调节阀 9，实验管道 8 内水流以很小的速度流动，待稳定后，打开有色水水管 5 的阀门，有色水经有色水水管 5 注入实验管道 8，根据有色水散开与否判别流态。圆管中有色水随水流流动形成一直线状，这时的流态即为层流。数据记录在雷诺实验记录计算表中（实表 3-1）。

(3) 进一步开大流量调节阀 9，管中水流的流速逐渐增大，有色的直线水流开始颤动、弯曲，并逐渐扩散，当扩散至全管时，水流紊乱到看不清着色流线时，水流质点在运动过程中相互混掺，这时的流态即为紊流。数据记录在雷诺实验记录计算表中（实表 3-1）。

注意事项：

1) 为使实验过程中始终保持恒压水箱内水流处于微溢流状态，应在调节流量调节阀后，相应调节进水开关 3，改变水泵的供水流量。

2) 实验中不要推、压实验台，保持实验环境的安静，以尽可能减少外界对水流的干扰。

【步骤 2】测定临界雷诺数。

(1) 先调节管中流态呈紊流状态，再逐步关小流量调节阀 9，每调节一次流量后，稳定一段时间并观察其形态。当有色水开始形成一直线时，表明由紊流刚好转为层流，此时管流即为临界流动状态。测定记录流量，计算得出（下）临界雷诺数，数据记录在雷诺实验记录计算表中（实表 3-1）。

实表 3-1　　　　　　　　　雷诺实验记录计算表

实验次序	阀门开度增（↑）或减（↓）	流量/(10^{-6} m^3/s)	颜色水线形状	雷诺数 Re	流态
1					
2					
3					
4					
5					
6					
7					
实测临界雷诺数（平均值）$Re_k =$					

（2）重复（1）的方法测定临界雷诺数 2～3 次，取平均值。

（3）先调节管中流态呈层流状态，再逐步开大流量调节阀 9，调节一次流量后，稳定一段时间并观察其形态。当有色水开始散开混掺时，表明由层流刚好转为紊流，此时管流即为临界流动状态。测定记录流量，计算得出（上）临界雷诺数，数据记录在雷诺实验记录计算表中（实表 3 – 1）。

注意事项：

1）接近临界流动状态时，应微调流量调节阀 9。

2）实验中开关阀门、做实验记录的同学之间要相互配合。

五、拓展与思考

当流量由大逐渐变小，流态从紊流变为层流，测定一个下临界雷诺数；当流量由零逐渐增大，流态从层流变为紊流，对应一个上临界雷诺数。下临界雷诺数和上临界雷诺数是否相等呢？请认真分析实验数据并给出答案。

任务四　沿程水头损失实验

一、实验目的

（1）通过对管道中测压管水头变化的观察分析，了解影响沿程水头损失系数的因素。

（2）通过对管道沿程水头损失及流量的测定，掌握沿程水头损失系数的测量及计算方法。

二、知识回顾

（1）对于恒定均匀管流，沿程水头损失计算公式（达西-魏斯巴哈公式）为

$$h_f = \lambda \cdot \frac{L}{d} \cdot \frac{v^2}{2g}$$

式中　λ——沿程水头损失系数；

L——上下游测量断面之间的管段长度；

d——管道直径；

v——断面平均流速。

（2）根据沿程水头损失计算公式（达西-魏斯巴哈公式）可得沿程水头损失系数

$$\lambda = \frac{2gd}{Lv^2} \cdot h_f = \frac{2gd}{L}\left(\frac{\pi d^2}{4Q}\right)^2 \cdot h_f = \frac{\pi^2 gd^5}{8L} \cdot \frac{h_f}{Q^2}$$

（3）对于通过直径不变的圆管的恒定水流，根据连续性方程和能量方程，两断面间沿程水头损失 h_f 为两测点间的测压管水头差 Δh。

$$h_f = \left(z_1 + \frac{p_1}{\gamma}\right) - \left(z_2 + \frac{p_2}{\gamma}\right) = \Delta h$$

（4）在圆管层流中（$Re < 2000$），根据实验资料得出 $\lambda = \dfrac{64}{Re}$，可知沿程水头损失系数 λ 仅与雷诺数 Re 有关，且与雷诺数 Re 成反比。

三、实验装置

实验装置及各部分名称如实图 4-1 所示。

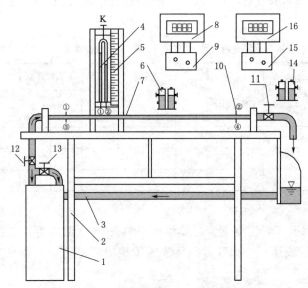

实图 4-1　沿程水头损头实验装置图

1—自循环高压恒定全自动供水器；2—实验台；3—回水管；4—压差计；5—滑动测量尺；

6—稳压筒 1；7—实验管道；8—数显压差仪；9—压差传感器；

10—测压点；11—流量调节阀；12—供水阀；13—旁通阀；

14—稳压筒；15—流量传感器；16—智能流量数显仪

四、实验内容、步骤及注意事项

实验设备名称：

实验者：

实验日期：

圆管直径 $d = $ _____ $\times 10^{-2}$ m，测量段长度 $L = $ _____ $\times 10^{-2}$ m

【步骤 1】层流实验。

（1）排气调零。压差计连接管排气与压差计补气。启动水泵，全开流量调节阀 11，间歇性开关旁通阀 13 数次，待水从压差计顶部流过即可。若测压管内水柱过高须补气，全开阀门 11、13，打开压差计 4 顶部气阀 K，自动充气使压差计中的右管液位降至底部（必要时可短暂关闭供水阀 12），立即拧紧气阀 K 即可。排气后，全关流量调节阀 11，测压计压差应为零。

（2）实验时始终全开旁通阀 13，用流量调节阀 11 调节流量。层流范围的压差值为 2～3cm 以内，水温越高，差值越小，由于水泵发热，水温持续升高，应先进行层流实验。用压差计测量，流量调节后须等待几分钟，稳定后再测量。

（3）测量水温 T，用秒表记录过流时间 t（大于 15～20s），用量筒测量该时间段内通过的水流体积 V，利用 $Q = V/t$ 计算出流量 Q。

（4）读取压差计上水柱高度 h_1 和 h_2，利用 $\Delta h = h_1 - h_2 = h_f$ 计算出沿程水头损失 h_f。

（5）重复步骤（3）和（4）各 3 次，完成层流沿程水头损失 h_f 实验记录计算表（见实表 4-1）。

实表 4-1   **层流沿程水头损失 h_f 实验记录计算表**

测次	体积 V /(10^{-6} m³)	时间 t /s	流量 $Q = V/t$ /(10^{-6} m³/s)	流速 v /(10^{-2} m/s)	水温 T /℃	运动黏滞系数 ν /(10^{-4} m²/s)	雷诺数 Re	压差计读数 /(10^{-2} m)		沿程水头损失 h_f /(10^{-2} m)	沿程水头损失系数 λ	$\lambda = \dfrac{64}{Re}$ ($Re < 2000$)
								h_1	h_2			
1												
2												
3												

提示：

实验时需记录水温 T，层流实验时沿程水头损失 h_f（测压管水头差 Δh）由压差计测量，流量 Q 用称重法或体积法测量。称重法或体积法测量流量具体见基础模块的相关知识点。

【步骤 2】紊流实验。

（1）排气调零。启动水泵，全开流量调节阀 11，间歇性开关旁通阀 13 数次，排除连通管中的气泡。在关闭流量调节阀 11 的情况下，管道中充满水但流速为零，此时，压差仪和流量仪读值都应为零，若不为零，则可旋转电测仪面板上的调零电位器，使读值为零。

（2）实验时全开流量调节阀 11，调节旁通阀 13 来调节流量。

（3）测量水温 T，用秒表记录过流时间 t（大于 15～20s），用量筒测量该时间段内通过的水流体积 V，利用 $Q = V/t$ 计算出流量 Q，实验中也可从智能化数显流量仪直接读出

流量 Q。

（4）读取压差计上水柱高度 h_1 和 h_2，利用 $\Delta h = h_1 - h_2 = h_f$ 计算出沿程水头损失 h_f，若 $\Delta h > 3 \sim 4\text{cm}$，则需要用管夹关闭压差计连通管，不再读取压差计上水柱高度，改用数显压差仪直接读出 Δh。

（5）重复步骤（3）和（4）各 3 次，完成紊流沿程水头损失 h_f 实验记录计算表（见实表 4-2）。

实表 4-2　　　　　　　　　紊流沿程水头损失 h_f 实验记录计算表

测次	体积 V /(10^{-6}m^3)	时间 t/s	流量 $Q=V/t$ /($10^{-6}\text{m}^3/\text{s}$)	流速 v /(10^{-2}m/s)	水温 T /℃	运动黏滞系数 ν /($10^{-4}\text{m}^2/\text{s}$)	雷诺数 Re	压差计读数 /(10^{-2}m)		沿程水头损失 h_f /(10^{-2}m)	沿程水头损失系数 λ
								h_1	h_2		
1											
2											
3											

提示：

实验时需记录水温 T，紊流实验时若 $\Delta h > 3 \sim 4\text{cm}$，用管夹关闭压差计连通管，沿程水头损失 h_f（测压管水头差 Δh）由数显压差仪测量，流量 Q 用称重法或智能化数显流量仪测量。

五、拓展与思考

为什么压差计的水柱差就是沿程水头损失？实验管道倾斜安装是否影响实验成果？

任务五　局部水头损失实验

一、实验目的

（1）观察水流经局部阻力区（断面扩大、断面缩小）测压管水头及水流变化情况。

（2）了解影响局部阻力系数的因素。

（3）能应用三点法、四点法测量局部水头损失系数。

二、知识回顾

（1）实际液体恒定总流的能量方程是（　　）。

A、$z_1 + \dfrac{\alpha_1 v_1^2}{2g} = z_2 + \dfrac{\alpha_2 v_2^2}{2g}$　　　　　　B、$z_1 + \dfrac{p_1}{\gamma} + \dfrac{\alpha_1 v_1^2}{2g} = z_2 + \dfrac{p_2}{\gamma} + \dfrac{\alpha_2 v_2^2}{2g} + h_{w1-2}$

C、$z_1 + \dfrac{p_1}{\gamma} + \dfrac{\alpha_1 v_1^2}{2g} = z_2 + \dfrac{p_2}{\gamma} + \dfrac{\alpha_2 v_2^2}{2g}$　　　　D、$z_1 + \dfrac{p_1}{\gamma} = z_2 + \dfrac{p_2}{\gamma} + h_{w1-2}$

（2）沿程水头损失计算公式是（　　）。

A、$h_f = \lambda \dfrac{L}{4R} \cdot \dfrac{v^2}{2g}$　　　　　　　　B、$h_f = \lambda \dfrac{L}{R} \cdot \dfrac{v^2}{2g}$

C、$h_f = \lambda \dfrac{4R}{L} \cdot \dfrac{v^2}{2g}$　　　　　　　　D、$h_j = \zeta \dfrac{v^2}{2g}$

（3）由局部水头损失计算公式可知，局部水头损失系数的计算式为（　　）。

A、$h_f = \lambda \dfrac{L}{4R} \cdot \dfrac{v^2}{2g}$　　　　　　　　B、$h_j = \zeta \dfrac{v^2}{2g}$

C、$h_f = \lambda \dfrac{4R}{L} \cdot \dfrac{v^2}{2g}$　　　　　　　　D、$\zeta = h_j / \dfrac{v^2}{2g}$

三、实验装置

实验装置及各部分名称如实图 5-1 所示。

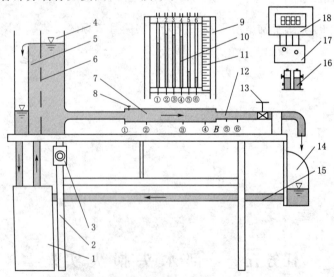

实图 5-1　局部水头损失实验装置简图

1—自循环供水器；2—实验台；3—可控硅无级调速器；4—恒压水箱；5—溢流板；6—稳水孔板；7—圆管突然扩大；
8—气阀；9 -测压计；10—测压管①～⑥；11—滑动测量尺；12—圆管突然收缩；13—实验流量调节阀；
14—回流接水斗；15—下回水管；16—稳压筒；17—传感器；18—智能化数显流量仪

$$L_{1-2} = 12 \times 10^{-2}\,\text{m} \quad L_{2-3} = 24 \times 10^{-2}\,\text{m} \quad L_{3-4} = 12 \times 10^{-2}\,\text{m}$$

$$L_{4-B} = 6 \times 10^{-2}\,\text{m} \quad L_{B-5} = 6 \times 10^{-2}\,\text{m} \quad L_{5-6} = 6 \times 10^{-2}\,\text{m}$$

四、实验内容、步骤及注意事项

实验设备名称：

实验者：

实验日期：

$d_1 = D_1 = $ _____ $\times 10^{-2}$m，$d_2 = d_3 = d_4 = D_2 = $ _____ $\times 10^{-2}$m，

$d_5 = d_6 = D_3 = $ _____ $\times 10^{-2}$m

实验管段长度：

$L_{1-2} = $ ____ $\times 10^{-2}$m，$L_{2-3} = $ ____ $\times 10^{-2}$m，$L_{3-4} = $ ____ $\times 10^{-2}$m，

$L_{4-B} = $ ____ $\times 10^{-2}$m，$L_{B-5} = $ ____ $\times 10^{-2}$m，$L_{5-6} = $ ____ $\times 10^{-2}$m

【步骤 1】 排气。

（1）启动水泵待恒压水箱 4 溢流后，关闭流量调节阀 13，打开气阀 8 排除管中滞留气体，排气后关闭气阀 8。

（2）检查测压管各管的液面是否齐平，若不平，重复（1）排气操作，直至测压管各管的液面齐平，将智能化数显流量仪调零。

【步骤 2】 测量断面突然扩大局部水头损失和断面突然缩小局部水头损失。

（1）打开流量调节阀 13，待流量稳定后，测量并在实表 5-1 中记录各测压管液面读数，同时记录流量仪的流量。

实表 5-1　　　　　　　　　局部水头损失实验记录表

次数	流量仪读数 Q /(10⁻⁶ m³/s)	体积法量测流量			测压管读数/(10⁻² m)					
		体积 V /(10⁻⁶ m³)	时间 t /s	流量 Q /(10⁻⁶ m³/s)	h_1	h_2	h_3	h_4	h_5	h_6
1										
2										
3										
4										

（2）改变流量 2~3 次，其中一次为最大流量，待流量稳定后，按序测量并记录各测压管液面读数（实表 5-1），同时记录流量仪的流量。用体积法量测流量 2~3 次，对比流量仪和体积法量测的流量，如果存在偏差，分析原因。

（3）查数据记录表是否有缺漏，检查是否有数据明显不合理，若有此情况，应进行补正。

（4）实验完成后，关闭流量调节阀 13，检查测压管各管的液面是否齐平，若不平，需重做。

注意事项：

1）恒压水箱 4 内水位要求始终保持在溢流状态，确保水头恒定。

2）每次开关阀门调节流量时要轻缓，且幅度不宜过大。

3）测压管水头用测压测量，基准面可选择在滑动测量尺零点上。

4）测量记录各测压管水头值时，注意测压管标号和记录表中要对应。读数时，要求视线与测压管液面齐平，读数精确到 0.5mm。

【步骤 3】根据步骤 2 的测量数据，分析计算突然扩大局部水头损失系数。

（1）分析计算突然扩大局部水头损失系数（实表 5-2）。

实表 5-2 突然扩大局部水头损失实验计算表

次数	阻力形式	流量 Q /（10^{-6} m^3/s）	前断面 1—1		后断面 2—2		h_w /（10^{-2} m）	h_{f1-2} /（10^{-2} m）	h_j /（10^{-2} m）	ζ
			$\dfrac{\alpha v_1^2}{2g}$ /（10^{-2} m）	$h_1 + \dfrac{\alpha v_1^2}{2g}$ /（10^{-2} m）	$\dfrac{\alpha v_2^2}{2g}$ /（10^{-2} m）	$h_2 + \dfrac{\alpha v_2^2}{2g}$ /（10^{-2} m）				
1										
2	突然扩大									
3										

（2）根据理论公式计算断面突然扩大局部水头损失系数，并与实测值比较。分析断面突然扩大局部水头损失的主要部位在哪里？

提示：

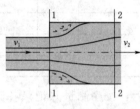

实图 5-2 断面突然扩大
局部水头损失

1）局部水头损失是在一段流程上完成的，见实图 5-2 的断面 1—1 至断面 2—2，这段流程上的总水头损失 h_w 包含了局部水头损失 h_j 和沿程水头损失 h_f，等于断面 1—1 至断面 2—2 的总水头差。

$$h_w = h_j + h_{f1-2} = \left(h_1 + \frac{\alpha v_1^2}{2g}\right) - \left(h_2 + \frac{\alpha v_2^2}{2g}\right)$$

式中 h_1、h_2——断面 1—1 和断面 2—2 的测压管水头。

$$h_j = h_w - h_{f1-2}$$

2）本实验仪采用三点法测量突然扩大段局部水头损失系数。三点法是在突然扩大管段上布设三个测点，如实图 5-1 中测点①、②、③所示。流段①至②为突然扩大局部水头损失发生段，流段②至③为均匀流流段，本实验仪测点①、②间距为测点②、③的一半，h_{f1-2} 按流程长度比例换算得出。

$$h_{f1-2} = h_{f2-3}/2 = (h_2 - h_3)/2$$

3）若圆管突然扩大段的局部阻力因数 ζ 用上游流速 v_1 表示，为

$$\zeta = h_j \sqrt{\frac{\alpha v_1^2}{2g}}$$

对应上游流速 v_1 的圆管突然扩大段理论公式为

$$\zeta = \left(1 - \frac{A_1}{A_2}\right)^2$$

4）用流速 v_1 和 v_2 计算出的局部阻力系数是不同的，计算时注意勿弄错。

【步骤 4】根据步骤 2 的测量数据，分析计算突然缩小局部水头损失系数。

（1）分析计算突然缩小局部水头损失系数（实表 5-3）。

实表 5-3　　　　　　　　　　突然缩小局部水头损失实验计算表

次数	阻力形式	流量 Q /(10^{-6} m³/s)	前断面 1—1		后断面 2—2		h_w /(10^{-2} m)	h_f /(10^{-2} m)	h_j /(10^{-2} m)	ζ
			$\dfrac{\alpha v^2}{2g}$ /(10^{-2} m)	$h + \dfrac{\alpha v^2}{2g}$ /(10^{-2} m)	$\dfrac{\alpha v^2}{2g}$ /(10^{-2} m)	$h + \dfrac{\alpha v^2}{2g}$ /(10^{-2} m)				
1										
2	突然缩小									
3										

（2）根据理论公式计算断面突然缩小局部水头损失系数，并与实测值比较。分析断面突然缩小局部水头损失的主要部位在哪里？

提示：

1）局部水头损失是在一段流程上完成的，见实图 5-3 的断面 1—1 至断面 2—2，这段流程上的总水头损失 h_w 包含了局部水头损失 h_j 和沿程水头损失 h_f，等于断面 1—1 至断面 2—2 的总水头差。

实图 5-3　断面突然缩小
局部水头损失

$$h_w = h_j + h_{f1-2} = \left(h_1 + \frac{\alpha v_1^2}{2g}\right) - \left(h_2 + \frac{\alpha v_2^2}{2g}\right)$$

2）本实验仪采用四点法测量突然缩小段局部水头损失系数。四点法是在突然缩小管段上布设四个测点，如实图 5-1 测点③、④、⑤、⑥所示，B 点为突缩断面处。流段④至⑤为突然缩小局部水头损失发生段，流段③至④、⑤至⑥都为均匀流流段。流段④至 B 间的沿程水头损失按流程长度比例由测点③、④测得，流段 B 至⑤的沿程水头损失按流程长度比例由测点⑤、⑥测得。

本实验仪 $L_{3-4} = 2L_{4-B}$，$L_{B-5} = L_{5-6}$，有 $h_{f4-B} = \dfrac{h_{f3-4}}{2}$，$h_{fB-5} = h_{f3-6}$。

$$h_{f4-5} = \frac{h_3 - h_4}{2} + h_5 - h_6$$

3）若圆管突然缩小段的局部阻力因数 ζ 用下游流速 v_5 表示，为

$$\zeta = h_j / \frac{\alpha v_5^2}{2g}$$

对应下游流速 v_5 的圆管突然缩小段经验公式为

$$\zeta = 0.5\left(1 - \frac{A_5}{A_4}\right)$$

五、拓展与思考

分析局部阻力损失机理。产生突扩与突缩局部水头损失的主要部位在哪里？怎样减小局部水头损失？

任务六　自循环流动演示实验

一、实验目的

（1）演示水流经过不同边界情况下的流动形态，以观察不同边界条件下的流线、旋涡等现象，增强和加深对水流运动特性的认识。

（2）演示水流绕过不同形状物体的驻点、尾流、涡街现象、非自由射流等现象，增强对水流现象的感性认识。

（3）加深对边界层分离现象的认识，充分认识水流在实际工程中的流动现象，利用水流流动特点优化水工建筑物体型。

二、知识回顾

1. 流线及流线图特点

（1）流线是某瞬时在流场中绘出的一条曲线，位于该曲线上所有水流质点的流速方向都和曲线相切。流线不能相交，也不能是折线。

（2）恒定流时流线的形状和位置不随时间而改变，液体质点运动轨迹与流线重合。

（3）流线分布的疏密程度反映了流速的大小。流线的形状与固体边界形状有关。

2. 恒定总流连续性方程

在不可压缩液体恒定总流中，任意两个过水断面所通过的流量相等，其断面平均流速的大小与过水断面面积成反比，断面大流速小，断面小流速大。

3. 恒定总流能量方程

略，见本模块任务二或《水力分析与计算》教材。

三、实验装置

实图 6-1 为自循环流动演示实验装置，通过此装置可以形象地展示各种水流形态及其水流内部质点运动的特征。该仪器是由水箱、水泵、流动显示面等几个部分组成，通过在水流中掺气的方法，利用日光灯的照射，可以清楚地演示不同边界条件下的多种水流现象。整个仪器由 7 个单元组成（见实图 6-2），每个单元都是一套独立的装置，可以单独使用，亦可以同时使用。通过各种演示设备就可演示出不同边界条件下水流运动特点。

该仪器以气泡为示踪介质。在仪器内的日光灯照射和显示板的衬托下，可清楚地显示出小气泡随水流流动的图象。由于气泡的粒径大小、掺气量的多少可由调节阀任意调节，故能使小气泡相对水流流动具有足够的跟随性。显示板设计成多种不同形状边界的流道，因而，该仪器能十分形象、鲜明地显示不同边界流场的迹线、边界层分离、尾流、旋涡等多种流动图谱。

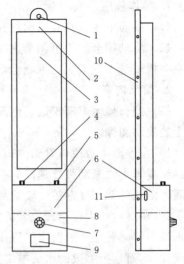

实图 6-1　壁挂式自循环流动演示仪结构示意图

1—挂孔；2—彩色有机玻璃面罩；3—不同边界的流动显示面；4—加水孔孔盖；5—掺气量调节阀；6—蓄水箱；7—可控硅无级调速旋钮；8—电器、水泵室；9—标牌；10—铝合金框架后盖；11—水位观测窗

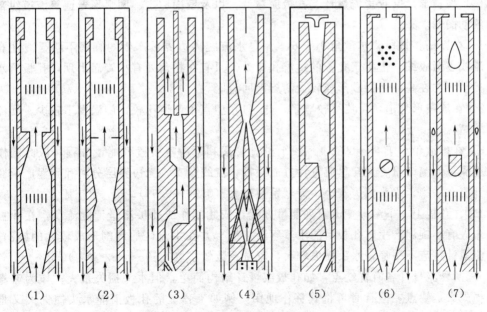

（1）　　　（2）　　　（3）　　　（4）　　　（5）　　　（6）　　　（7）

实图 6-2　流场演示仪示意图

四、实验内容、步骤及注意事项

1. 操作程序

(1) 接通电源，打开照明灯开关。

(2) 旋动调节阀 5 可调节进气量的大小。调节应缓慢，逐次进行，使之达到最佳显示效果（掺气量不宜太大，否则会阻断水流，或产生剧烈噪声）。

2. 演示内容

(1) 型：显示逐渐扩散、逐渐收缩、突然扩大、突然收缩、壁面冲击、直角弯道等平面上的流动图像。

1) 在逐渐扩散段可看到由边界层分离而形成的旋涡，且靠近上游喉颈处，流速越大，涡旋尺度越小，紊动强度越高；而在逐渐收缩段，水流质点无分离，流线均匀收缩，亦无旋涡，由此可知，逐渐扩散段局部水头损失大于逐渐收缩段。

2) 在突然扩大段出现较大的旋涡区，而突然收缩只在死角处和收缩断面的进口附近出现较小的旋涡区。表明突扩段比突缩段有较大的局部水头损失（缩扩的直径比大于 0.7 时例外），而且突缩段的水头损失主要发生在突缩断面后部。

3) 在直角弯道和壁面冲击段，也有多处旋涡区出现。尤其在弯道流中，流线弯曲更剧，越靠近弯道内侧，流速越小。且近内壁处，出现明显的回流，所形成的回流范围较大，将此与 (2) 型中圆角转弯流动对比，直角弯道旋涡大，回流更加明显。

4) 旋涡的大小和紊动强度与流速有关。如果流量减小，渐扩段流速较小，其紊动强度也较小，在整个扩散段有明显的单个大尺度涡旋。反之，当流量增大时，单个尺度涡旋随之破碎，并形成无数个小尺度的涡旋，且流速越高，紊动强度越大，则旋涡越小。在突扩段，也可看到旋涡尺度的变化。

(2) 型：显示文丘里流量计、孔板流量计，以及壁面冲击、圆弧形弯道等流道纵剖面上的流动图像。

1) 在逐渐扩散段，扩散角小于 $6°\sim8°$，水流脱离边界后产生的旋涡不明显。在孔板前，流线逐渐收缩，汇集于孔板的过流孔口处，只有在拐角处有小旋涡出现，孔板后水流逐渐扩散，并在主流区周围形成较大的旋涡回流区。

2) 在流线形弯道段，流线较顺畅，与 (1) 型直角弯道比较，旋涡发生较少，回流区范围较短。

3) 在扩散角小于 $6°\sim8°$ 的渐缩段上游直管段和下游喉管段列能量方程，依此制作成文丘里流量计测流量，文丘里流量计过流顺畅，流线顺直，无边界层分离和旋涡产生。此流量计流态平稳，水头损失较小，流量系数较大（0.96～0.99）。

4) 在孔板上、下游渐变流段列能量方程，依此制作成孔板流量计测流量，在孔板前的拐角处有小旋涡产生，孔板后的水流逐渐扩散，并在主流区的周围形成较大的旋涡区。孔板流量计过流不平稳，水头损失较大，流量系数较小（0.60～0.62 左右）。

5) 两种流量计各有优缺点，如孔板流量计结构简单，但水头损失很大；作为流量计水头损失大是缺点，但有时可将其移作他用，例如工程上的孔板消能水头损失大又是优点。如黄河小浪底电站，在有压隧洞中设置了五道孔板式消能工，使泄洪的余能在隧洞中消耗，从而解决了泄洪洞出口缺乏消能条件的工程问题。黄河小浪底电站的孔板式消能工的消能机理、水流形态及水流和隧洞间的相互作用等，与孔板出流相似。

（3）型：显示 30°弯头、直角圆弧弯头、直角弯头、45°弯头以及非自由射流等流段纵剖面上的流动图像。

1）该装置若把导流杆当作一侧河岸，水流经过弯道处，主流贴近凹岸（远离弯道圆心岸），对岸（即凸岸）产生回流，受弯道主流影响，弯道下游段主流贴近右岸，左岸形成大范围回流区，直角弯道下游回流区范围大于 45°弯道下游回流区的范围。

2）主流沿河岸高速流动，该河岸受到水流的严重冲刷。工程中在主流贴近凹岸要注意加强河岸防护，同时因弯道的凹岸水深大，所以布设引水口常选河岸。

3）在每一转弯的后面，都因边界层分离而产生旋涡。转弯角度不同，旋涡大小、形状各异，水头损失不同。在圆弧转弯段，水流较平稳，流线较顺畅。

4）下游段突扩非自由射流，由于受边壁约束，射流沿喷口正对的边壁流动，左右岸形成大的回流区，使射流在距喷口以下沿左右边壁流动，形成附壁现象。

（4）型：显示射流的附壁效应。

1）转动中间"双稳放大射流阀"表面控制圆盘，使左气道与圆盘气孔相通时（通大气），此时由于渐扩段产生涡体形成负压，通气孔大气压与渐扩段负压产生压力差，使水流流向右边流道，射流切换至右壁，贴近右边壁流动。

2）转动"双稳放大射流阀"表面控制圆盘，使右气道与圆盘气孔相通（圆盘上面通气孔与右边通道斜管连通），此时由于渐扩段产生涡体形成负压，通气孔大气压与渐扩段负压产生压力差，使水流流向左边流道，贴近左边壁流动。若再转动控制圆盘，切断气流，射流稳定于原通道不变。

（5）型：显示分流、合流、侧式进/出水口、闸阀、蝶阀等流段纵剖面上的流动图谱。

1）在分流、合流等过流段上，有不同形态的流态出现。合流涡旋较为典型，明显干扰主流，使主流受阻，这在工程上称之为"水塞"现象。为避免"水塞"，给排水技术要求合流时用 45°三通连接。

2）闸阀半开，尾部旋涡区较大，水头损失也大，蝶阀全开时，过流顺畅，阻力小，半开时，尾涡紊动激烈，表明阻力大且易引起振动。蝶阀通常作检修用，故只允许全开或全关。

3）把图横过来观察，该结构即为抽水蓄能电站侧式进/出水口剖面图，侧式进/出水口常见布置由底板、顶板、扩散段、防涡梁等组成，工程上原型截面一般为方形。结合实际情况，水流进入库区时，主流一般在底板处，呈底流形态，顶流较小，依据管道突扩模型，该处会形成较大漩涡，局部水头损失较大，在出口处设置环状防涡梁之后，从实际运行图谱中有效壁面漩涡发生，从而大大减少局部水头损失。该图谱有效展示了侧式进/出水口剖面图，以及设置该种防涡梁之后，良好的减阻防涡旋性能。

（6）型：显示明渠逐渐扩散，单圆柱绕流、多圆柱绕流及直角弯道等流段的流动图像。

该装置能十分清晰地显示出流体在驻点处的停滞现象、水流脱离现象及卡门涡街的图象。能观察到单圆柱绕流时的边界层分离状况，分离点位置、卡门涡街的产生与发展过程以及多圆柱绕流时的流体混合、扩散、组合旋涡等流谱。

1）驻点：观察流经圆柱前端驻点处的小气泡运动特性，可见流速的变化由 $v_0 \to 0 \to v_{\max}$，利用能量方程分析流速和压强沿圆柱周边的变化情况及毕托管测速原理。

2）水流脱离：流谱显示了圆柱绕流时的水流脱离现象，可观察边界水流分离点的位置及分离层的回流形态。边界层分离将引起较大的能量损失，边界层分离后会产生局部低压，有可能出现空化和空蚀破坏现象。如文德里流量计的喉管出口处。

3）卡门涡街：圆柱的轴与来流方向垂直，在圆柱的两个对称点上产生边界层分离，然后不断交替在圆柱下游两侧产生旋转方向相反的旋涡，并随主流一起向下游运动，旋涡的强度逐渐减弱。

卡门涡街的研究，在工程实际中有很重要的意义。每当一个旋涡脱离开柱体时，必须在柱体上产生一个与旋涡具有的环量大小相等但方向相反的环量，由于这个环量使绕流体产生横向力，即升力。在柱体的两侧交替地产生着旋转方向相反的旋涡，因此柱体上的环量的符号交替变化，横向力的方向也交替地变化，这样就使柱体产生了一定频率的横向振动。若该频率接近柱体的自振频率，就可能产生共振，如风吹电线，电线会发出共鸣（风振）；高层建筑（高烟囱等）在大风中会发生振动等，为此常采取一些工程措施加以解决。

4）多圆柱绕流：流体流经圆柱时，边界层内的流体和柱体发生热交换，柱体后的旋涡则起混掺作用，然后流经下一柱体，再交换再混掺。据此原理在水利工程中，布设多个圆柱体消能，水流流经单个圆柱，即在该圆柱处产生卡门涡旋，消耗能量，流经多个圆柱（如按梅花型分布），累积产生较大能量损耗，从而起到消能工作用。

（7）型：显示明渠渐扩、桥墩形体（圆头方尾）绕流、流线体绕流、直角弯道和正、反流线体绕流等流段上的流动图谱。

1）桥墩形柱体绕流。该绕流体为圆头方尾的形体，水流脱离桥墩后，形成一个旋涡区（尾流），在尾流区两侧产生旋向相反且不断交替的旋涡，即卡门涡街。与圆柱绕流不同的是，该涡街的频率具有较明显的随机性。

2）非圆柱体绕流也会产生卡门涡街。在雷诺数不变时，圆柱绕流涡街频率不变。桥墩形体绕流即使雷诺数不变，涡街频率也随机变化。

3）可从通过改变流速、绕流体自振频率及绕流体结构形式三个途径破坏涡街的固定频率，避免共振，解决绕流体的振动问题。

4）流线形柱体绕流为绕流体的最好形式，流动顺畅，形体阻力最小。从正、反流线体的对比流动可见，当流线体倒置时，也出现卡门涡街。因此，为使过流平稳，应采用顺流而放的圆头尖尾形柱体。

3. 注意问题

（1）开机后需等 1～2min，使流道气体排净后再演示，否则，仪器不能正常工作。打开或关闭进水阀门的过程要慢，不要突开、突关。

（2）水泵不能在低速下长时间工作，更不允许在通电情况下（光灯亮）长时间处于停转状态，只有日光灯熄灭才是真正关机，否则水泵易烧坏。

（3）调速器旋钮的固定螺丝松动时，应及时拧紧，以防止内部电线短路。

（4）演示结束后，及时关机，切断电源。

五、拓展与思考

1. 拓展——卡门涡街

卡门涡街是流体力学中重要的现象，在自然界中常可遇到。在一定条件下的定常来流绕过某些物体时，物体两侧会周期性地脱落出现旋转方向相反、排列规则的双列线涡，经过非线性作用后，形成卡门涡街。卡门涡街交替脱落时会产生振动，并发出声响效应，这种声响是由于卡门涡街周期性脱落时引起的流体中的压强脉动所造成的声波，日常生活中所听到的风吹电线的风鸣声就是涡街脱落引起的。有些设施，例如水下的建筑或者航空设备都做成流线型，以避免卡门涡街的破坏作用。卡门涡街涡旋的频率与流速成正比，利用卡门涡街现象可制作精度可达±1%、结构简单，可靠、耐用的流量计。

2. 思考题

(1) 边界层分离现象在什么区域比较明显？

(2) 你能找出生活中或工程中的卡门涡街现象吗？

(3) 空化（负压）现象为什么常常发生在旋涡区？

(4) 根据水流流动特点如何优化水工建筑物体型？

任务七　自循环流谱流线演示实验

一、实验目的

(1) 通过演示进一步了解流线的基本特征。

(2) 观察液体流经不同固体边界时的流动现象。

二、知识回顾

1. 流线与迹线

流场中液体质点的运动状态，可以用迹线或流线来描述。迹线是一个液体质点在流动空间所走过的轨迹。流线是流场内反映瞬时流速方向的曲线，在同一时刻，处在流线上所有各点的液体质点的流速方向与该点的切线方向相重合。在恒定流中，流线和迹线相互重合。流线不能相交，也不能是折线。流线分布的疏密程度反映了流速的大小。流线的形状与固体边界形状有关。

2. 恒定总流连续性方程

略，见本模块任务六或《水力分析与计算》教材。

3. 恒定总流能量方程

略，见本模块任务二或《水力分析与计算》教材。

4. 理想液体

不考虑液体黏滞性的实际液体为理想液体。理想液体在流动过程中没有能量损失。

5. 均匀流及非均匀流的渐变流、急变流流线特征

略，见《水力分析与计算》教材。

三、实验装置

实验装置见实图 7-1。

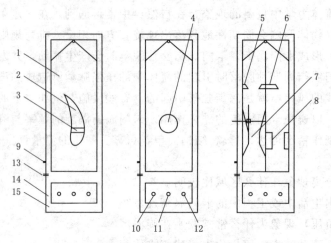

实图 7-1 流谱流线显示仪

1—显示盘；2—机翼；3—孔道；4—圆柱；5—孔板；6—闸板；7—文丘里管；

8—突扩和突缩；9—侧板；10—泵开关；11—对比度；

12—电源开关；13—电极电压测点；14—流速调节阀；

15—放空阀（14、15 内置于侧板内）

四、实验内容、步骤及注意事项

在流线仪中，用掺入的气泡介质来显示液体质点的运动状态。整个流场内的"流线谱"可形象地描绘液流的流动趋势，通过液体中这些气泡介质经过各种形状的固体边界的流动情况，可以清晰地反映出流线的特征及性质。实图 7-2 中三种型号流谱仪分别演示机翼绕流、圆柱绕流和管渠过流时液体质点的流动现象。

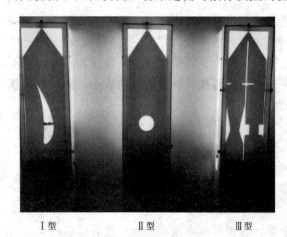

Ⅰ型　　　　Ⅱ型　　　　Ⅲ型

实图 7-2 流谱流线实物图

Ⅰ型：单流道演示机翼绕流的流线分布。由图像可见，机翼向天侧（外包线曲率较大）流线较密，由流线特点、连续方程和能量方程可知，流线密，表明流速大、压强低；而在机翼向地侧，流线较疏，压强较高。整个机翼受到一个向上的合力，该力被称为升力。在机翼腰部开有沟通两侧的孔道，孔道中有染色电极。在机翼两侧压力差的作用下，必有分流经孔道从向地侧流至向天侧，通过孔道中染色电极释放的色素可显现出来，染色液体流动的方向，即为升力方向。

在流道出口端（上端）还可观察到流

线汇集到一处，并无交叉，从而验证流线不会重合的特性。

Ⅱ型：单流道演示圆柱绕流。因为流速很低，能量损失极小忽略不计，其液体可近似认为理想液体，因此所显示的流谱上下游几乎完全对称。零流线（沿圆柱表面的流线）在前驻点分成左右2支，经90°点（$u = u_{max}$），而后在背滞点处二者又合二为一。这是由于绕流液体是理想液体，由能量方程可知，圆柱绕流在前驻点（$u = 0$）势能最大，90°点（$u = u_{max}$）处，势能最小，而到达后滞点（$u = 0$），动能又全转化为势能，势能又最大。故其流线又复原到驻点前的形状。

当适当增大流速，Re 数增大，流线的对称性就不复存在。此时虽圆柱上游流谱不变，但下游原合二为一的染色线被分开，尾流出现。由此可知，理想液体与实际液体是性质完全不同的两种流动。

Ⅲ型：双流道演示文丘里管、孔板、渐缩和突然扩大、突然缩小、明渠闸板等流段纵剖面上的流谱。演示是在雷诺数小的情况下进行，液体在流经这些管段时，有扩有缩。由于边界本身亦是一条流线，通过在边界上布设的电极，该流线亦能得以演示。若适当提高流动的雷诺数，经过一定的流动起始时段后，就会在突然扩大拐角处流线脱离边界，形成旋涡，从而显示实际液体的总体流动图谱。

利用该流线仪，还可说明均匀流、渐变流、急变流的流线特征。如直管段流线平行，为均匀流。文丘里的喉管段，流线的切线大致平行，为渐变流；突缩、突扩处，流线夹角大或曲率大，为急变流。

五、拓展与思考

1. 拓展——飞机机翼

飞机机翼是飞机的一个重要部件。其主要功用是提供升力，与尾翼一起保证飞机具有良好的稳定性。当它具有上反角时，可为飞机提供一些横向稳定性。在它的后缘，一般布置有横向操纵用的副翼、扰流板（大型运输飞机安装）等装置。为了改善机翼的空气动力效应，在机翼的前、后越来越多地装有各种形式的襟翼、缠翼等增升装置，以提高飞机的起飞、着陆或机动性能。如实图7-3所示，它的襟翼可以绕轴向后下方、后上方偏转，飞行员在飞机上升、平稳飞行、下降和着陆减速等过程中，是通过操纵杆改变襟翼的弯曲度来改变飞机的升力、阻力的。实图7-3是简化的机翼截面图，其中A、B、C、D图哪个可表现飞机上升？

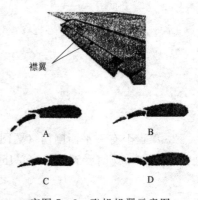

襟翼

实图7-3 飞机机翼示意图

2. 思考题

（1）流向形状与边界形状是否有关系？

（2）流线的曲、直和疏、密各反映了什么？

自测1　水工建筑物静水作用力分析与计算

1.1　计算题

1. 如题图 1-1 所示，两个封闭容器 A、B，其测压管中的液面分别高于或低于容器中液面的高度均为 h，已知 $h=1\mathrm{m}$，试求：①容器 A、B 内液面的绝对压强 $p_{绝}$ 和相对压强 p；②A、B 两个封闭容器内哪一个产生了真空？如果产生了真空，计算其真空度 $p_{真}$。

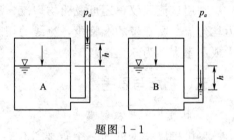

题图 1-1

2. 渠道上有一平面闸门（题图 1-2），宽 $b=4\mathrm{m}$，闸门在水深 $H=2\mathrm{m}$ 下工作。求当闸门斜放 $\alpha=60°$ 时受到的静水总压力、当闸门铅直时所受的静水总压力。

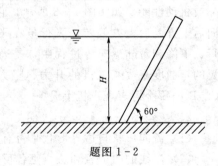

题图 1-2

3. 如题图 1-3 所示，某弧形闸门 AB 为半径 $R=3\text{m}$ 的圆柱面的四分之一，闸门宽 $b=4\text{m}$，水深 $h=3\text{m}$，试求作用在 AB 面上的静水总压力 P 的大小。

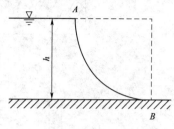

题图 1-3

1.2　选择题

1. 某矩形平板闸门铅直放置，闸门淹没在水下的高度 $h=6\text{m}$，当静水压强分布图为三角形时，压力中心离底部距离 e 为（　　）m。

A、2.5　　　　　B、1.33　　　　　C、1.75　　　　　D、2.00

2. 题图 1-4 为 AB 受压面上静水压强分布图绘制，正确的说法是（　　）。

A、(a)(b) 图错　　　B、(a)(c) 图正确　　　C、都对　　　D、都错

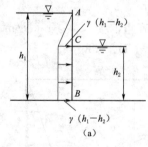 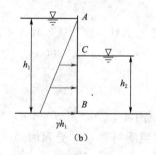 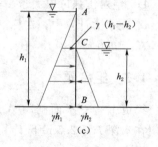

题图 1-4

3. 题图 1-5 为标字母受压面上静水压强分布图绘制，错误的绘制图是（　　）

A、(a) 图　　　　B、(b) 图　　　　C、(c) 图　　　　D、(d) 图

4. 题图 1-6 为标字母受压面上静水压强分布图绘制，错误的绘制图是（　　）

A、(a) 图　　　　B、(b) 图　　　　C、(c) 图　　　　D、(d) 图

5. 下列说法错误的是（　　）

A、相对压强可以大于、等于或小于零

B、液体内部某点绝对压强小于当地大气压时，说明该点发生真空

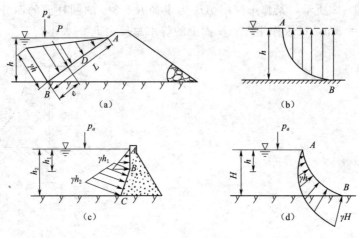

题图 1－5

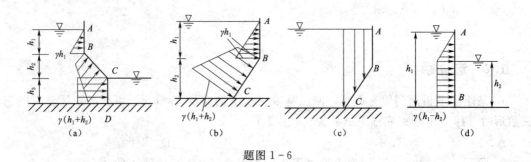

题图 1－6

C、水平面就是等压面

D、绝对压强可以大于、等于零

6. 在水力计算中，在标准大气压下且温度为 4℃时，水的容重取为（　　）kN/m³。

A、1000　　　　　　B、133.3　　　　　　C、9800　　　　　　D、9.8

1.3　组合题

渠道上有一平面闸门 AB（题图 1－7），宽 $b=4$m，闸门在水深 $H=2.5$m 下工作。求当闸门竖直时受到的静水总压力。

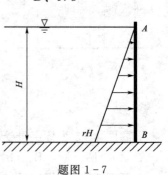

（1）静水压强分布图如题图 1－7 所示，则静水压强分布图面积 Ω 为（　　）。

A、30.63kN/m　　　　B、36.63kN/m

C、63.03N/m　　　　　D、36.63N/m

题图 1－7

（2）计算受压面底部 B 点的静水压强公式为（　　）。

A、$P=\gamma H$　　　　B、$P=bH$　　　　C、$P=Sb$　　　　D、$P=\gamma b$

（3）计算受压面静水总压力公式为（　　）。

A、$P=\gamma H$　　　B、$P=bH$　　　C、$P=\Omega b$　　　D、$P=\gamma b$

（4）受压面 AB 静水总压力大小近似为（　　　）。

A、122.5kN　　　B、152.6kN　　　C、132.5kN　　　D、165.8kN

（5）静水压力方向（　　　）。

A、垂直指向受压面　　　B、竖直向下　　　C、竖直向上　　　D、任意方向

自测2　恒定水流运动基本方程分析与计算

2.1　计算题

1. 某压力管中水流如题图 2-1 所示，已知 $d_1=200\text{mm}$，$d_2=150\text{mm}$，$d_3=100\text{mm}$，第三段管中平均流速 $v_3=2\text{m/s}$，试求管中流量 Q 及第一、第二两段管中平均流速 v_1、v_2。

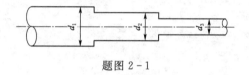

题图 2-1

2. 某弯曲水管如题图 2-2 所示，已知：A、B 两点高差 $\Delta z=6\text{m}$，$d_A=150\text{mm}$，$d_B=300\text{mm}$，$p_A=78.4\text{kN/m}^2$，$p_B=49\text{kN/m}^2$，$v_A=1\text{m/s}$，试求出两断面间的水头损失 h_w，并判断弯曲水管中的水流方向。

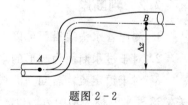

题图 2-2

3. 某压力输水管道，管长 $L=150\text{m}$，管道直径 $d=20\text{cm}$，断面平均流速 $v=0.15\text{m/s}$，沿程水头损失系数 $\lambda=0.028$，试求此管道的沿程水头损失 h_f。

4. 某输水铸铁管路如题图 2-3 所示，管长 $L=250\text{m}$，管径 $d=100\text{mm}$，通过的流量 $Q=0.01\text{m}^3/\text{s}$，管路进口为直角进口，有一个弯头和一个闸阀，弯头的局部损失系数 $\zeta_{弯}=0.8$，闸阀全开，试求：①整个管路的沿程水头损失 h_f；②管路所有局部水头损失之和 $\sum h_j$；③水塔的水面高度 H。

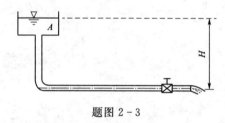

题图 2-3

2.2 判断题

1. 测压管水头线沿程可以上升也可以下降。（   ）

2. 对于过水断面为圆形的水管，其水力半径就是管道的半径。（   ）

3. 对于恒定流，若同一流线上各点的运动要素均相等，也就是说运动要素与流程无关，这种水流称为均匀流。（   ）

4. 渐变流的流线近似为相互平行的直线，过水断面近似为平面。（   ）

5. 利用恒定总流能量方程可以求解断面平均流速。（   ）

6. 仅在重力作用下静止均质连通液体中，各点的单位势能相等。（   ）

2.3 选择题

1. 某矩形横断面的渠道，底宽 $b=8\text{m}$，，当水深 $h=1\text{m}$ 时，其水力半径 R 为（   ）m。

A、0.8   B、0.9   C、1   D、10

2. 流量的单位是（　　）。

A、m^3/s　　　　B、m　　　　C、m^3　　　　D、m^2

3. 产生水头损失的根本原因是（　　）。

A、液体的黏滞性　　B、液流的横向边界形状　　C、液流的纵向边界形状　　D、液体的压缩性

4. 在发生局部水头损失的总流断面上，总水头线（　　）。

A、突然上升　　　　B、突然下降　　　　C、缓慢上升　　　　D、缓慢下降

5. 圆管直径 $d=4m$，满流时水力半径 R 为（　　）m。

A、1　　　　B、2　　　　C、3　　　　D、4

6. 在计算题图 2-4 所示的有压管道泄流量时，有（　　）处局部损失。

A、1

B、2

C、3

D、4

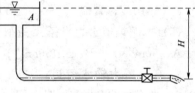

题图 2-4

7. 下面哪一个不是水流运动的机械能形式？（　　）

A、动能　　　　B、位置势能　　　　C、压力势能　　　　D、弹性势能

8. 沿程水头损失计算公式是（　　）。

A、$h_f = \lambda \dfrac{L}{4R} \cdot \dfrac{v^2}{2g}$　　　B、$h_f = \lambda \dfrac{L}{R} \cdot \dfrac{v^2}{2g}$　　　C、$h_f = \lambda \dfrac{4R}{L} \cdot \dfrac{v^2}{2g}$　　　D、$h_j = \zeta \dfrac{v^2}{2g}$

9. 局部水头损失计算公式是（　　）。

A、$h_f = \lambda \dfrac{L}{4R} \cdot \dfrac{v^2}{2g}$　　　B、$h_f = \lambda \dfrac{L}{R} \cdot \dfrac{v^2}{2g}$　　　C、$h_f = \lambda \dfrac{4R}{L} \cdot \dfrac{v^2}{2g}$　　　D、$h_j = \zeta \dfrac{v^2}{2g}$

10. 实际液体恒定总流的能量方程是（　　）。

A、$z_1 + \dfrac{\alpha_1 v_1^2}{2g} = z_2 + \dfrac{\alpha_2 v_2^2}{2g}$　　　　　　　　B、$z_1 + \dfrac{p_1}{\gamma} + \dfrac{\alpha_1 v_1^2}{2g} = z_2 + \dfrac{p_2}{\gamma} + \dfrac{\alpha_2 v_2^2}{2g} + h_{w1-2}$

C、$z_1 + \dfrac{p_1}{\gamma} + \dfrac{\alpha_1 v_1^2}{2g} = z_2 + \dfrac{p_2}{\gamma} + \dfrac{\alpha_2 v_2^2}{2g}$　　　　D、$z_1 + \dfrac{p_1}{\gamma} = z_2 + \dfrac{p_2}{\gamma} + h_{w1-2}$

11. 某有压管道进口处局部损失系数为 0.5，管道中断面平均流速为 2m/s，则管道进口处局部损失 h_j 为（　　）m。（g 近似取 $10m/s^2$）

A、0.1　　　　B、0.2　　　　C、0.8　　　　D、1

2.4　组合题

1. 有一矩形断面渠道，水深 $h=15cm$，底宽 $b=20cm$，断面平均流速 $v=0.15m/s$，水温为 18℃时，水的运动黏滞系数 $\nu=0.01010cm^2/s$，试判别管道中水流流动形态。

（1）判别渠道中水流流动形态，应使用下列哪个物理量进行判别（　　）。

A、边坡系数　　　B、弗劳德数　　　C、粗糙系数　　　D、雷诺数

（2）判别渠道水流流动形态，应使用水力计算公式（　　）。

A、$Re = \dfrac{vR}{\upsilon}$　　　　　B、$Re = \dfrac{vd}{\upsilon}$

C、$Fr = \dfrac{v}{\sqrt{gh}}$　　　D、$z_1 + \dfrac{p_1}{\gamma} + \dfrac{\alpha_1 v_1^2}{2g} = z_2 + \dfrac{p_2}{\gamma} + \dfrac{\alpha_2 v_2^2}{2g} + h_{w1-2}$

（3）明渠临界雷诺数 Re_k 约为（　　）。

A、500　　　　B、2320　　　　C、1000　　　　D、98

（4）本题渠道中水流的雷诺数及流态为（　　）。

A、8100.8，紊流　　　　　　　B、230.4，层流

C、6510.2，紊流　　　　　　　D、5610.8，临界流

（5）本题渠道水力半径 R 近似为（　　）。

A、5cm　　　　B、5.455cm　　　　C、8.573cm　　　　D、10mm

2. 有一压力输水管道，管长 $L = 100$m，直径 $d = 20$cm，沿程水头损失系数 $\lambda = 0.018$，当流量 $Q = 20$L/s 时，问：

（1）管道的过水断面面积为（　　）。

A、3.14m²　　B、0.314m²　　　C、0.0314m²　　D、31.4m²

（2）管道中的断面平均流速为（　　）。

A、0.26m/s　　　B、0.636m/s　　　C、6.36m/s　　　D、0.16m/s

（3）该管道的水力半径为（　　）。

A、0.50m　　　　B、0.050m　　　　C、5.0m　　　　D、2.0m

（4）管道的沿程水头损失计算公式是（　　）。

A、$h_f = \lambda \cdot \dfrac{L}{d} \cdot \dfrac{v^2}{2g}$　　B、$h_f = \dfrac{v^2}{R} L$　　C、$h_f = \lambda \cdot \dfrac{L}{d} \cdot \dfrac{v^2}{g}$　　D、$h_f = \dfrac{v^2}{C^2} L$

（5）管道的水头损失为（　　）。

A、0.018m　　　　B、0.186m　　　　C、1.8m　　　　D、18m

3. 从水箱引出一直径不同的管道，如题图 2-5 所示。已知 $d_1 = 175$mm，$d_2 = 125$mm，管道进口处的局部水头损失 $\zeta_1 = 0.5$，当管道由大变小时，局部水头损失系数 $\zeta_2 = 0.245$，第二段管子上有一平板闸阀，其开度为 $a/d = 0.5$ 时，$\zeta_3 = 2.06$。当输送流量 $Q = 25$L/s 时，问：

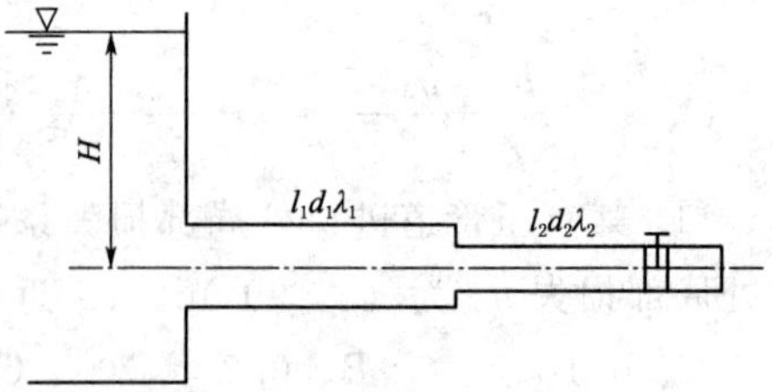

（1）管道 1 的过水断面面积 A_1 和管道 2 的过水断面面积 A_2 为（　　）。

A、2.4m，1.23m²　　　　　　　B、0.024m²，0.0123m²

C、0.24m²，0.123m²　　　　　　D、4.2m²，3.21m²

（2）管道 1 的断面面积平均流速 v_1 和管道 2 的断面面积平均流速 v_2 为（　　）。

A、0.14m/s，0.203m/s　　　　B、10.42m/s，20.33m/s

C、1.042m/s，2.033m/s　　　　D、4.01m/s，3.021m/s

题图 2-5

（3）局部水头损失的计算公式为（　　）。

A、$h_j = \zeta \cdot \dfrac{v^2}{2g}$　　　B、$h_j = \lambda \cdot \dfrac{L}{d} \cdot \dfrac{v^2}{2g}$　　　C、$h_j = \dfrac{v^2}{2g}$　　　D、$h_j = \dfrac{v^2}{RC^2}L$

（4）进口处的局部水头损失为（　　）。

A、0.028m　　　　B、0.0028m　　　　C、2.80m　　　　D、0.28m

（5）管道从进口到出口总的局部水头损失为（　　）。

A、5.16m　　　　B、0.516m　　　　C、0.0516m　　　　D、0.20m

自测3　恒定管流水力分析与计算

3.1　计算题

1. 题图 3-1 为某水库的泄洪洞，已知洞长 $L = 280\text{m}$，管径 $d = 0.75\text{m}$，泄洪洞的沿程水头损失系数 $\lambda = 0.03$，进口处的局部水头损失系数 $\zeta_{进} = 0.5$，转弯处的局部水头损失系数 $\zeta_{折} = 0.2$，水库水位为 32.5m，泄洪洞出口中心高程为 15.0m，下游水位为 12.0m，水库中流速不计，试求泄洪洞的泄流量 Q。

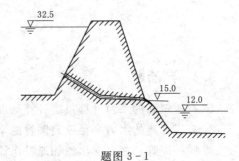

题图 3-1

2. 某灌溉渠道利用直径 $d = 1\text{m}$ 的钢筋混凝土虹吸管自水源引水，如题图 3-2 所示，虹吸管上下游水位差 $z = 1\text{m}$，虹吸管全长 $L = 25\text{m}$，虹吸管进口处的局部水头损失系数 $\zeta_{进} = 2.5$，弯段的局部水头损失系数 $\zeta_{折} = 0.6$，试求：①通过虹吸管的流量 Q；②当虹吸管第二弯管前断面的最大允许真空高度为 7m，由进口至该断面的管长为 13m 时，虹吸管的管轴线最高可以高出上游水面多少？

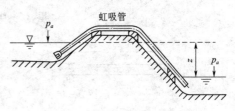

题图 3-2

3. 某水泵将水抽至水塔，如题图 3-3 所示，已知抽水流量 $Q=100\text{L/s}$，吸水管长 $L_1=25\text{m}$，提水高度 $z=70\text{m}$，压水管长 $L_2=450\text{m}$，吸水管、压水管管径 $d=300\text{mm}$，水管的沿程水头损失系数 $\lambda=0.03$，水泵允许真空高度为 6m，进口处的局部水头损失系数 $\zeta_{进}=6$，转弯处的局部水头损失系数 $\zeta_{折}=0.4$，试求：①水泵的扬程 H；②水泵的最大安装高度 h_s。

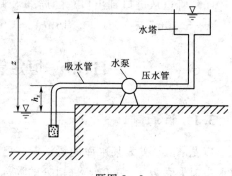

题图 3-3

3.2 判断题

1. 有压短管的水力计算只需计算局部水头损失和流速水头。（　　）

2. 有压管流的水力半径就是圆管的半径。（　　）

3. 同一短管，在自由出流和淹没出流条件下，泄流能力相同。（　　）

4. 虹吸管为有压输水短管。（　　）

5. 题图 3-4 为有压管道自由出流出口处的总水头线与测压管水头线的正确绘制。（　　）

6. 题图 3-5 为管道淹没出流出口边界条件下总水头线与测压管水头线的正确绘制。（　　）

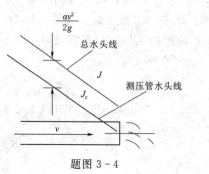

题图 3-4

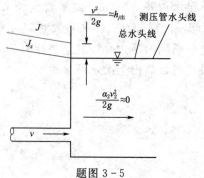

题图 3-5

7. 题图 3-6 为复杂管道总水头线与测压管水头线的正确绘制。(　　)

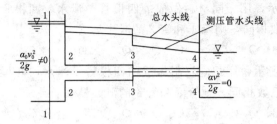

题图 3-6

3.3　选择题

1. 如题图 3-7 所示，抽水机吸水管内断面 $A-A$ 的相对压强 p 为 (　　)。

A、$p>0$　　　　B、$p<0$　　　　C、$p=0$　　　　D、不定

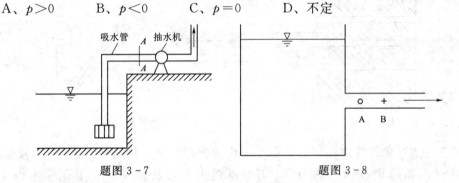

题图 3-7　　　　　　　　　　　　　题图 3-8

2. 如题图 3-8 所示，容器中的水通过一水平等直径管道流入大气，则管中 A、B 两点压强 p_A 与 p_B 的关系为 (　　)。

A、$p_A < p_B$　　　　B、$p_A > p_B$　　　　C、$p_A = p_B$　　　　D、无法确定

3. 题图 3-9 所示的有压管道，水流为自由出流，线 A 为 (　　)。

A、总水头线　　　B、测压管水头线　　　C、管轴线　　　D、水面线

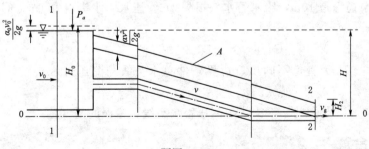

题图 3-9

4. 题图 3-9 所示的有压管道，水流为自由出流，线 B 为 (　　)。

A、总水头线　　　B、测压管水头线　　　C、管轴线　　　D、水面线

5. 题图 3-9 所示的有压管道，水流为自由出流，管道出口过水断面 2—2 管轴中心点相对压强 (　　)。

A、$p<0$ B、$p=0$ C、$p>0$ D、无法确定

6. 题图 3-10 所示，用相同材料做成的四根管子泄水，四根管子的管径和长度均相等，沿程水头损失系数相同，则管 1 和管 2 的泄流量（   ）。

A、$Q_1=Q_2$ B、$Q_1>Q_2$ C、$Q_1<Q_2$ D、不能确定

7. 如题图 3-10 所示，用相同材料做成的四根管子泄水，四根管子的管径和长度均相等，沿程水头损失系数相同，则管 3 和管 4 的泄流量（   ）。

A、$Q_3=Q_4$ B、$Q_3>Q_4$ C、$Q_3<Q_4$ D、不能确定

8. 如题图 3-11 所示，钢筋混凝土虹吸管自水源引水，过水断面 2—2 处相对压强 p 为（   ）。

A、$p<0$ B、$p=0$ C、$p>0$ D、无法确定

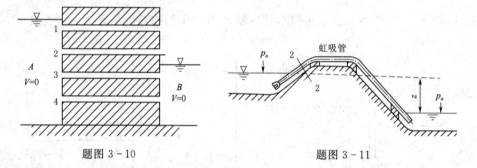

题图 3-10   题图 3-11

9. 某简单有压输水管道，出口条件为自由出流，输水流量 $Q=0.2\text{m}^3/\text{s}$，流量系数 $\mu=0.2$，过水断面面积 $A=0.1\text{m}^2$，上游水池中行近流速不计，则作用水头 H 为（   ）m。

A、5.10   B、12.46   C、20.41   D、8.52

10. 某水泵把水流从 85m 水位抽到 105m 水位高度处，则水泵的提水高度是（   ）m。

A、10   B、20   C、30   D、40

11. 某水泵扬程是 10m，吸水管水头损失 1m，压水管水头损失 1m，问水泵的提水高度是（   ）m。

A、6   B、7   C、8   D、9

12. 题图 3-12 为管道不同出口边界条件总水头线与测压管水头线的绘制，正确的是（   ）。

13. 题图 3-13 绘制的总水头线与测压管水头线，错误的是（   ）。

3.4 组合题

有一灌溉渠道，利用直径 $D=1\text{m}$ 的钢筋混凝土虹吸管自水源引水（题图 3-14），虹吸管上下游水位差 $z=3\text{m}$，虹吸管全长 $L=20\text{m}$，虹吸管沿程水头损失系数 $\lambda=0.024$，进口、出口处的局部水头损失系数分别为 2.5 和 1.0，虹吸管每个弯段的局部水头损失系数 $\zeta=0.6$。计算虹吸管的流量。

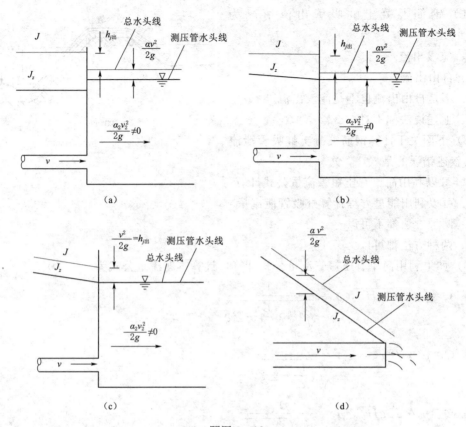

题图 3 - 12

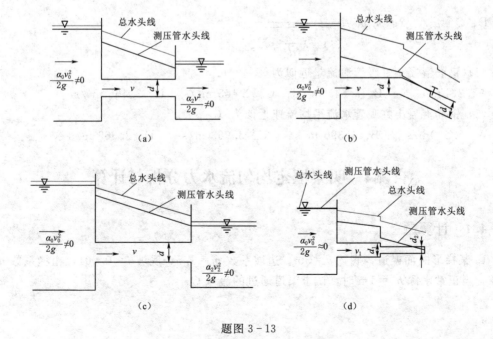

题图 3 - 13

（1）钢筋混凝土虹吸管出流情况为
（　　）。

A、淹没出流

B、自由出流

C、不是自由出流也不是淹没出流

D、上述说法都不对

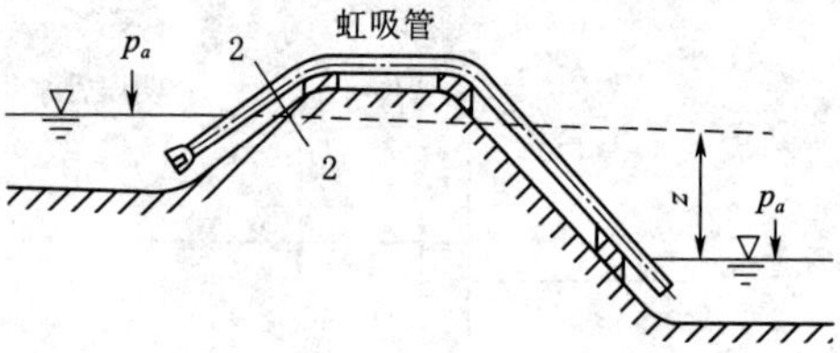

题图 3-14

（2）下面关于计算钢筋混凝土虹吸管泄流
量方法叙述错误的是（　　）。

A、可以利用简单有压短管流量公式计算

B、可以利用能量方程计算虹吸管泄流量

C、两种方法都不可以

D、两种方法都可以

（3）如果利用简单有压短管流量公式计算，计算本题流量公式为（　　）。

A、$Q = \mu_c A \sqrt{2gH_0}$，$\mu_c = \dfrac{1}{\sqrt{1 + \lambda \dfrac{L}{d} + \Sigma \zeta}}$

B、$Q = \mu_c A \sqrt{2gz}$，$\mu_c = \dfrac{1}{\sqrt{\lambda \dfrac{L}{d} + \Sigma \zeta}}$

C、$Q = \mu_c A \sqrt{2gH_0}$，$\mu_c = \dfrac{1}{\sqrt{\lambda \dfrac{L}{d} + \Sigma \zeta}}$

D、$Q = \mu_c A \sqrt{2gz}$，$\mu_c = \dfrac{1}{\sqrt{1 + \lambda \dfrac{L}{d} + \Sigma \zeta}}$

（4）钢筋混凝土虹吸管泄流量近似为（　　）。

A、$2.135 \mathrm{m^3/s}$　　B、$2.645 \mathrm{m^3/s}$　　C、$2.465 \mathrm{m^3/s}$　　D、$3.465 \mathrm{m^3/s}$

（5）钢筋混凝土虹吸管水流平均流速近似为（　　）。

A、$5.430 \mathrm{m/s}$　　B、$4.396 \mathrm{m/s}$　　C、$3.963 \mathrm{m/s}$　　D、$3.369 \mathrm{m/s}$

自测4　明渠恒定均匀流水力分析与计算

4.1　计算题

1. 某梯形断面渠道，底宽 $b=3\mathrm{m}$，边坡系数 $m=1.5$，底坡 $i=0.001$，粗糙系数 $n=0.02$，当正常水深 $h_0=1\mathrm{m}$ 时，试求渠道通过的流量 Q。

2. 某土质梯形灌溉渠道按照均匀流设计，根据渠道等级、土质情况确定渠道的底坡 $i=0.001$，边坡系数 $m=1.5$，粗糙系数 $n=0.02$，渠道设计流量 $Q=4.5\text{m}^3/\text{s}$，并选定水深 $h_0=1\text{m}$，试设计渠道的底宽 b。

4.2　判断题

1. 平坡渠道中不可能发生均匀流。（　　）
2. 长直棱柱形正坡渠道中，水流为恒定流时一定是均匀流。（　　）
3. 明渠恒定均匀流的测压管水头线就是水面线。（　　）
4. 水工建筑物上下游附近不可能形成均匀流。（　　）
5. 明渠恒定均匀流过水断面上沿水深流速最大点在渠底。（　　）
6. 明渠恒定均匀流是指运动要素不随时间变化的流动。（　　）
7. 明渠水流主要靠重力流动。（　　）
8. 明渠恒定均匀流中，过水断面面积沿流程保持不变。（　　）
9. 明渠恒定均匀流中，渠底线与水面线平行。（　　）
10. 明渠恒定均匀流中，过水断面水位沿流程保持不变。（　　）

4.3　选择题

1. 明渠恒定均匀流可形成于（　　）。
A、底坡大于零的长直渠道　　B、棱柱形平坡渠道
C、非棱柱形顺坡渠道　　　　D、流量不变的逆坡渠道
2. 明渠恒定均匀流水面流速 $v=0.9\text{m/s}$，则水面下 $0.4H$ 处的流速可能是（　　）m/s。
A、1.2　　　B、1.0　　　C、0.9　　　D、0.6
3. 明渠恒定均匀流是（　　）沿程保持不变。
A、过水面积、总水头、平均流速　　B、过水面积、湿周、平均流速
C、过水面积、湿周、测压管水头　　D、总能量、湿周、平均流速
4. 对于有不冲不淤要求的渠道的实际流速 v 应满足（　　）。
A、$v<v_{淤}$　　B、$v_{不冲}=v=v_{不淤}$　　C、$v_{不冲}\leqslant v\leqslant v_{不淤}$　　D、$v_{不冲}\geqslant v\geqslant v_{不淤}$
5. 有两条梯形断面渠道 1 和 2，已知其流量、边坡系数、断面形状尺寸和底坡相同，粗糙系数 $n_1>n_2$，则其恒定均匀流水深 h_1 和 h_2 的关系为（　　）。
A、$h_1>h_2$　　B、$h_1<h_2$　　C、$h_1=h_2$　　D、无法确定

6. 有两条梯形断面渠道 1 和 2，已知其流量、边坡系数、断面形状尺寸和粗糙系数相同，底坡 $i_1 > i_2$，则其均匀流水深 h_1 和 h_2 的关系为（　　）。

A、$h_1 > h_2$　　　B、$h_1 < h_2$　　　C、$h_1 = h_2$　　　D、无法确定

7. 下列说法错误的是（　　）。

A、边坡系数大小反映渠道横断面左右岸边坡陡缓程度

B、底坡大小反映渠道纵向渠底线沿程变化陡缓程度

C、雷诺数大小反映明渠水流急缓程度

D、粗糙系数大小反映边壁粗糙度对水流的影响

8. 明渠恒定均匀流中，下列说法不正确的是（　　）。

A、水深沿程不变　　　　　B、断面平均流速沿程变化

C、水位沿程不变　　　　　D、流线为相互平行直线

9. 明渠恒定均匀流中，下列说法正确的是（　　）。

A、水面线与渠底线平行　　B、水深沿程减小　　C、水深沿程增大　　D、水面线为曲线

4.4　组合题

一梯形断面渠道，底宽 $b = 2.0\text{m}$，边坡系数 $m = 1.0$，底坡 $i = 0.001$，粗糙系数 $n = 0.024$。当正常水深 $h_0 = 1.0\text{m}$ 时，计算此渠道的过水面积、湿周、谢才系数及流量。

（1）计算本渠道流量公式为（　　）。

A、$Q = \mu_c A \sqrt{2gH_0}$　　　B、$Q = AC\sqrt{Ri}$　　　C、$Q = AR\sqrt{Ci}$　　　D、$Q = \mu_c A \sqrt{2gz}$

（2）此渠道的过水面积 A 为（　　）。

A、3m^2　　　B、4m^2　　　C、4m　　　D、2m^2

（3）此渠道的湿周 χ 近似为（　　）。

A、4m　　　B、0.62m^2　　　C、0.62m　　　D、4.83m

（4）此渠道的谢才系数 C 近似为（　　）

A、34.13　　　B、38.49　　　C、46.15　　　D、31.93m

（5）此渠道通过流量 Q 近似为（　　）。

A、$2.878\text{m}^3/\text{s}$　　　B、$5.259\text{m}^3/\text{s}$　　　C、5.259m^3　　　D、$3.432\text{m}^3/\text{s}$

自测5　明渠恒定非均匀流水面线分析与计算

5.1　计算题

1. 某矩形断面明渠 $Q = 25\text{m}^3/\text{s}$，底宽 $b = 5\text{m}$，渠道中实际水深 $h = 3.0\text{m}$，试用三种方法判别明渠水流是急流还是缓流。

2. 如题图 5-1 所示，在溢洪道坡脚处的水平护坦上发生水跃，跃前水深 $h' = 2.6\text{m}$，溢洪道断面为矩形，底宽 $b = 24\text{m}$，通过的流量 $Q = 1500\text{m}^3/\text{s}$，试求：①跃后水深 h''；②水跃长度 L_j。

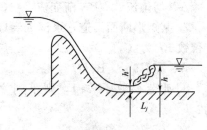

题图 5-1

5.2　判断题

1. 水跃只能发生于平底明渠中。（　　　）

2. 在 $i < i_k$ 的棱柱体明渠中发生非均匀流时不可能是急流。（　　　）

3. 缓流一定是层流，急流一定是紊流。（　　　）

4. 计算 a_1 型水面曲线时，控制断面应选在下游，从下游向上游推算。（　　　）

5. 明渠恒定非均匀流运动要素沿流程是变化的，其水深沿流程可能增加，也可能减小。（　　　）

6. 明渠恒定非均匀流水面线与渠底线平行。（　　　）

5.3　选择题

1. 棱柱体渠道恒定非均匀渐变流水面线计算方法为（　　　）。

A、分段求和法　　　　B、分段求差法　　　　C、跳跃式求和法　　　　D、都不对

2. 明渠发生缓流时弗劳德数（　　　）。

A、$Fr < 1$　　　　B、$Fr > 1$　　　　C、$Fr < 0$　　　　D、$Fr > 0$

3. 当渠道断面形状尺寸、粗糙系数和通过的流量均不变时，若底坡改变，则正常水深 h_0 和临界水深 h_k 的情况是（　　　）。

A、h_0 不变，h_k 变　　　　　　B、h_0 变，h_k 不变

C、h_0 变，h_k 变　　　　　　　D、h_0 和 h_k 都不变

4. 缓坡上发生均匀流必定是（　　　）。

A、缓流　　　B、急流　　　C、临界流　　　D、不确定

5. 棱柱形明渠中，当通过的流量一定时，临界水深 h_k 值随底坡 i 的增大而（　　）。

A、增大　　　　B、减小　　　　C、不变　　　　D、不定

6. 用明渠底坡 i 与临界底坡 i_k 比较来判别缓流和急流的方法适用于（　　）。

A、均匀流　　B、渐变流　　C、急变流　　D、均匀流和非均匀流

7. 某矩形断面渠道，水深 $h=1\text{m}$，底宽 $b=2.0\text{m}$，通过的流量 $Q=2.0\text{m}^3/\text{s}$，则弗劳德数 Fr 为（　　）。

A、0.319　　B、1.2　　C、3　　D、0.319m

8. 弗劳德数 $Fr>1$，则下列实际水深 h 与临界水深 h_k 关系及流态判别哪个正确？（　　）

A、$h>h_k$，急流　　　　　　B、$h<h_k$，缓流

C、$h=h_k$，临界流　　　　　D、$h<h_k$，急流

9. 某渠道上游过水断面断面比能 $E_{s\text{上}}=3.5\text{m}$，下游过水断面断面比能 $E_{s\text{下}}=2.5\text{m}$，则两断面断面比能差值 ΔE_s 为（　　）m。

A、1　　　　B、1.5　　　　C、-1　　　　D、3

10. 明渠恒定非均匀流中，（　　）可以判别水流是急流还是缓流。

A、弗劳德数　　　B、雷诺数　　　C、谢才系数　　　D、湿周

11. 某渠道实际底坡 $i=0.0002$，临界底坡 $i_k=0.00035$，则该底坡为（　　）。

A、陡坡　　　　B、缓坡　　　　C、临界坡　　　　D、不确定

5.4 组合题

一矩形渠道，渠中水深 $h=0.8\text{m}$，渠道底宽 $b=2.0\text{m}$，通过的流量 $Q=2.0\text{m}^3/\text{s}$。判别渠道中水流流态。

（1）渠道中弗劳德数 Fr 近似为（　　）。

A、0.644　　　B、0.446　　　C、1　　　D、1.2

（2）矩形渠道临界水深 h_k 的计算公式为（　　）。

A、$h_k=\sqrt{\dfrac{\alpha q^3}{g}}$　　　B、$h_k=\sqrt[3]{\dfrac{\alpha q^2}{g}}$　　　C、$Q=AC\sqrt{Ri}$　　　D、$E_s=h+\dfrac{\alpha Q^2}{2gA^2}$

（3）本题渠道临界水深 h_k 近似为（　　）。

A、0.467m　　　B、0.674m　　　C、1m　　　D、1.251m

（4）本题渠道中水流流态为（　　）。

A、临界流　　　B、缓流　　　C、急流　　　D、不确定

（5）渠道断面平均流速 v 近似为（　　）。

A、1.25m/s　　　B、1.5m/s　　　C、2.8m/s　　　D、1m/s

自测6　堰流水力分析与计算

6.1 计算题

1. 某 WES 实用堰与非溢流的混凝土坝相接，共 3 孔，每孔净宽 $b=14\text{m}$，边墩头部

为半圆形,闸墩头部为圆弧形,堰顶高程为 21m,上游与下游河底高程都为 9m,上游设计水位为 24.11m,下游水位为 22m。试求:①画出 WES 实用堰流纵向示意图,并在示意图上标注上游设计水位、堰顶高程、下游水位和河底高程;②根据示意图计算上游堰高 P_1、下游堰高 P_2、下游水深 h_t、设计堰前水头 H_d 和设计堰前水深;③计算当堰前水头 $H=4$m 时通过溢流堰的流量 Q。

2. 某灌溉进水闸为 3 孔,每孔净宽 $b=9$m,闸墩头部为半圆形,闸墩厚度 $d=3$m,边墩头部为圆弧形,边墩计算厚度 $\Delta=2$m,闸前行近流速 $v_0=0.5$m/s,闸门全开,其他数据如题图 6-1 所示。试求:①上游堰高 P_1、堰前水头 H 和堰前水深,并在图上标注;②下游水位为 17.75m 时流量 Q;③下游水位为 16.70m 时流量 Q。

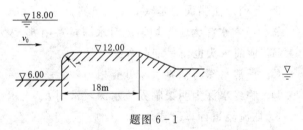

题图 6-1

6.2　判断题

1. 无侧向收缩与有侧向收缩的实用堰,当水头、堰型及其他条件相同时,后者通过的流量比前者大。(　　　)

2. 当宽顶堰泄流时,若下游水位低于堰顶则为自由出流。(　　　)

3. 堰是河渠中修建的既可挡水而顶部又可以溢流的水工建筑物。(　　　)

4. 堰前水头就是堰前水深。(　　　)

5. 堰厚为沿水流方向水流溢过堰顶的厚度,常用 δ 表示。(　　　)

6. 实用堰流的过流能力与堰前水头无关。(　　　)

7. 其他条件相同情况下，堰的淹没出流过流能力小于自由出流过流能力。（   ）

8. 设计堰前水头为距堰壁（3~4）H 过水断面处，设计水位对应下从堰顶起算的水深，常用 H_d 表示。（   ）

9. 堰的下游水位高于堰顶时一定是淹没出流。堰的下游水位低于堰顶时一定是自由出流。（   ）

10. 堰的下游水位高于堰顶时一定是淹没出流。（   ）

11. 堰的下游水位低于堰顶时一定是自由出流。（   ）

12. 堰顶下泄水流为急变流。（   ）

13. 上游堰高 P_1 是堰顶到上游河底的垂直高度。（   ）

14. 堰前水头是上游水面到上游河底的垂直水深。（   ）

6.3　选择题

1. 关于堰前水头说法正确的是（   ）。

A、堰前设计水头 H_d 就是堰前水头 H

B、堰前水头就是堰前水深

C、堰前总水头 H_0 与堰前行近流速水头之和为堰前水头 H

D、堰前水头 H 与堰前行近流速水头之和为堰前总水头 H_0

2. 下列说法错误的是（   ）。

A、正常水深为明渠均匀流时水深，常用 h_0 表示

B、堰前水头也就是堰前水深

C、正常水深与临界水深可能相等

D、临界水深为明渠临界流水深，常用 h_k 表示

3. 堰流流量计算公式是（   ）。

A、$Q = AC\sqrt{Ri}$ 　　　　　　　B、$Q = \sigma_s\mu_0 Be\sqrt{2gH_0}$

C、$Q = \mu_c A\sqrt{2gH_0}$ 　　　　　D、$Q = \sigma_s \varepsilon m B\sqrt{2g}H_0^{\frac{3}{2}}$

4. 某进水闸底坎为圆角进口的宽顶堰，共 10 孔，每孔净宽 $b = 8\text{m}$，闸门全开时，堰前总水头 $H_0 = 3.5\text{m}$，堰流流量系数 $m = 0.377$，侧收缩系数 $\varepsilon = 0.961$，下游为自由出流，则过堰流量 Q 为（   ） m^3/s。

A、840.7　　B、8.407　　C、84.07　　D、8407

6.4　组合题

一渠首引水闸，底坎堰顶头部采用直角形的宽顶堰，堰高 $P_1 = 1.0\text{m}$，引水闸宽度和上下游引水渠等宽，均为 4.0m，闸前设计水位为 252.60m，堰顶高程为 250.6m，下游水深很小，宽顶堰下游为自由出流，且引水闸闸前行近流速水头忽略不计。试求：闸门全开时，通过的流量 Q。

（1）本题基本计算公式为（   ）。

A、$Q = \sigma_s\mu_0 nbe\sqrt{2gH_0}$ 　　　　　B、$Q = \mu_0 nbe\sqrt{2gH_0}$

C、$Q=mnb\sqrt{2g}H_0^{\frac{3}{2}}$　　　　D、$Q=\sigma_s\varepsilon mB\sqrt{2g}H_0^{\frac{3}{2}}$

（2）宽顶堰流堰前水头为（　　）。

A、2.5m　　　B、0.25m　　　C、1.25m　　　D、2m

（3）堰顶进口直角形的宽顶堰流量系数计算公式为 $m=0.32+0.01\dfrac{3-\dfrac{P_1}{H}}{0.46+0.75\dfrac{P_1}{H}}$，

计算得本题流量系数的值为（　　）。

A、0.502　　　B、0.386　　　C、0.326　　　D、0.350

（4）本题淹没系数其值为（　　）。

A、0.38　　　B、1.0　　　C、0.502　　　D、1.85

（5）此渠道通过流量 Q 近似为（　　）。

A、16.57m³/s　　　B、6.57m³/s　　　C、17.53m³/s　　　D、13.48m³/s

自测7　闸孔出流水力分析与计算

7.1　计算题

某矩形断面渠道上建一平底坎引水闸，共 2 孔，每孔净宽 $b=5$m，采用平板闸门，闸前水位为 58.72m，上下游河底高程和闸底坎高程均为 50.72m，若 2 孔闸门同时开启，闸门底缘高程均为 52.72m。闸前行近流速不计，闸下游水位有两种情况 54.22m 和 56.22m，试求：①绘制闸下游水位为 54.22 m 时的闸孔出流纵向示意图并标出上下游水位、底坎高程和闸门底缘高程；②根据示意图计算闸前水头 H、闸门开启高度 e 和下游水深 h_t；③计算闸下游水位 54.22m 时的闸孔泄流量 Q；④计算闸下游水位 56.22m 时的闸孔泄流量 Q。

7.2　判断题

1. 闸孔出流流量公式中，没有侧向收缩系数。（　　）

2. 闸门相对开启度 e/H 越大，越有可能是闸孔出流。（　　）

3. 闸孔出流流量公式 $Q=\sigma_s\mu_0nbe\sqrt{2gH_0}$ 是根据能量方程推导得出的公式。（　　）

4. 淹没系数等于自由出流流量与淹没出流流量的比值。（　　）

7.3 选择题

1. 在底坎为曲线型堰的情况下，发生闸孔出流的条件是（　　）。

A、$e/H > 0.65$　　B、$e/H \leq 0.65$　　C、$e/H > 0.75$　　D、$e/H \leq 0.75$

2. 闸孔自由出流的流量公式为（　　）。

A、$Q = \mu_0 ne \sqrt{2gH_0}$　　　　B、$Q = \mu_0 nbe \sqrt{2g} H_0^{\frac{3}{2}}$

C、$Q = \mu_0 nbe \sqrt{2gH_0}$　　　　D、$Q = \mu_0 nb \sqrt{2gH_0}$

3. 闸孔出流公式 $Q = \sigma_s \mu_0 nbe \sqrt{2gH_0}$ 中，b 称为（　　）。

A、闸前作用总水头　B、闸门的开启高度　C、闸孔的单孔宽度　D、闸孔出流流量系数

4. 闸孔出流公式 $Q = \sigma_s \mu_0 nbe \sqrt{2gH_0}$ 中，H_0 称为（　　）。

A、闸前作用总水头　B、闸门的开启高度　C、淹没系数　D、闸孔出流流量系数

7.4 组合题

某水闸底坎与渠底齐平（题图7-1），闸底板高程为104.00m，共3孔，每孔宽 $b = 5m$，闸前水位109.00m。闸门开启度 $e = 1.0m$，不计闸前行近流速，下游水深较小，为自由出流，流量系数为0.596。试求：泄流量 Q。

(1) 本题闸门相对开启高度 e/H 为（　　）。

A、0.25　　B、0.2　　C、0.4　　D、0.3

(2) 本题出流情况为（　　）。

A、闸孔出流　　B、堰流　　C、管流　　D、无法确定

(3) 本题基本计算公式为（　　）。

A、$Q = \sigma_s \varepsilon mB \sqrt{2g} H_0^{\frac{3}{2}}$　　B、$Q = \mu nbe \sqrt{2g(H_0 - h_c)}$

C、$Q = \sigma_s \mu_0 nbe \sqrt{2gH_0}$　　D、$Q = m_0 B \sqrt{2g} H_0^{\frac{3}{2}}$

(4) 本题淹没系数为（　　）。

A、0.58　　B、1.08　　C、0.48　　D、1.0

(5) 本题的泄流量 Q 近似为（　　）。

A、58.33m³/s　　B、88.50m³/s　　C、70.69m³/s　　D、85.80m³/s

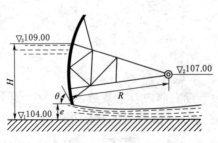

题图 7-1

自测 8　泄水建筑物下游消能水力分析与计算

8.1　计算题

在河道上建一无侧收缩曲线型实用堰，堰高 $P_1 = P_2 = 10$m，当单宽流量 $q = 8$m³/(s·m) 时，堰前总水头 $H_0 = 2.53$m，流速系数 $\varphi = 0.95$，试分析判别：①下游水深 $h_t = 5$m 时水流的衔接形式；②下游水深 $h_t = 3.5$m 时水流的衔接形式。

8.2　判断题

1. 确定消力池长度的设计流量应为泄水建筑物通过的最大流量。（　　）

2. 判断泄水建筑物下游水流衔接形式，需要先用迭代法计算建筑物下游收缩断面处水深 h_c，判断是否发生水跃，然后计算 h_c 对应的跃后水深 h_c''，通过比较 h_c'' 和下游水深 h_t 之间的大小来判别水跃形式，从而确定是否需要修建消力池。（　　）

3. 消力池池深的设计流量与池长的设计流量不一定是同一个流量。（　　）

4. 底流式消能是利用远离式水跃消能。（　　）

5. 挖深式消力池建消力池前后建筑物下游收缩断面水深 h_c 是不变的。（　　）

6. 当平原河流水闸下游发生远离式水跃时，下游需要建消力池消能。（　　）

7. 判断泄水建筑物下游是否建消力池与下游水深 h_t 有直接关系。（　　）

8. 泄流建筑物下游修建消力池时需要计算池长。（　　）

9. 泄流建筑物下游修建挖深式消力池时往往用试算法计算池深。（　　）

10. 挑流式衔接与消能在泄流建筑物末端需要建挑流鼻坎。（　　）

11. 挑流式衔接与消能在泄流建筑物下游形成的冲刷坑深度与下游河床地质条件无关。（　　）

8.3　选择题

1. 某溢流堰下游采用挑流消能，下列关于其冲刷坑深度说法错误的是（　　）。

A、冲刷坑深度与下游河床单宽流量有关

B、冲刷坑深度与溢流堰上下游水位差有关

C、冲刷坑深度与下游河床岩石性质有关

D、冲刷坑深度与下游水深无关

2. 泄水闸下泄水流由急流到缓流发生水跃，若收缩断面水深 h_c 的跃后水深为 h_c''，下游水深为 h_t，当 $h_t > h_c''$ 时形成（　　）水跃形式。

A、临界式　　B、远驱式　　C、淹没式　　D、无法确定

3. 下列说法错误的是（　　）。

A、底流消能主流在底部　　　　　　B、面流消能主流在水流表层

C、挑流消能水流是在空中消除余能的　D、挑流消能包括空中消能和水下消能

4. 下列说法正确的是（　　）。

A、挖深式消力池水力计算主要内容为池深、池长

B、消力坎式消力池水力计算主要内容为池深、坎高

C、挑流消能水力计算主要内容为空中射程和水下射程

D、以上说法都错